AF294948

1. Auflage

Satz und Layout

November 2019
Kreuzstraße 23
D-91077 Neunkirchen   Deutschland
© IPM Edition
www.prozessmanagement.de
helmut.moldaschl@gmx.net

Bibliografische Information der Deutschen Nationalbibliothek:
Die Deutsche Nationalbibliothek verzeichnet diese Publikation in der Deutschen Nationalbibliografie; detaillierte bibliografische Daten sind im Internet über http://dnb.dnb.de abrufbar.

Herstellung und Verlag:
BoD – Books on Demand, Norderstedt
ISBN 9783750425835

Helmut Moldaschl

DER KLIMASCHUTZ

Die klimaneutrale Geldvernichtung

Inhalt

	Einstimmung auf das Thema	9
1	Die Sonne ist der Treiber	12
2	Die Atmosphäre ist der Moderator	39
3	Warum kein Treibhauseffekt existiert	54
4	Was die Solare Variabilität ist	64
5	Wie die Sonnenbeobachtung funktioniert	75
6	Die Klimadynamik der Sonne	82
7	Ursache und Wirkung der Sonnenzyklen	102
8	Bestimmung des Industrieeinflusses	107
9	Erzeugung von Richtwerten	128
10	Zusammenfassung wichtiger Punkte	135

Einstimmung auf das Thema

Wetter und Klima sind allzeit präsent und für uns ähnlich wichtig wie unsere Gesundheit.

Das Klima umgibt uns fortwährend und so sprechen wir auch in der Gesellschaft von gutem und schlechtem Klima. Seine Quelle aber bleibt geheimnisvoll. Wir waren schon immer intensiv bemüht etwas zu erhalten, von dem wir nicht genau wussten, was es war und woher es kam und darum hatten wir ein inniges Bedürfnis, das Unbekannte zu schützen.

Zum Klima versicherte man uns, es wären komplexe Eigenschaften der Atmosphäre, die es zustande brächten. Sie spielten die maßgebliche Rolle, wenn es uns gut ginge oder weniger gut, zum Beispiel weil es gerade schon zu heiß war oder bald zu heiß sein würde oder vielleicht eher zu kalt.

Es wären die Zusammensetzung und das dynamische Verhalten der Atmosphäre zwischen und über und neben uns und wir sollten deshalb darauf achten, dass wir dieses nützliche und vor allem fragile Gleichgewicht nicht störten.

Nun existiert in der Atmosphäre ein solches Gleichgewicht gar nicht. Es existiert nur in unserer Phantasie, weil wir einen Gleichgewichtszustand eher als angenehm empfinden. Auch wenn wir in verschiedenen Disziplinen gelegentlich die Gefahr suchen. So beruht der Reiz des Schifahrens einerseits auf der eigenartigen Ruhe des Gleitens im Gegensatz zur ständigen Herausforderung des Geländes an unser Gleichgewicht, die dann erst im Stehen mit Entspannung und Sicherheit vereint ist und uns derart Befriedigung verschafft.

Die alte Babywiege ist ein gutes Beispiel für Schwebung, Harmonie und Sicherheit für einen Menschen, der bis dahin von der Umwelt geschützt war.

Mit dem Klima scheint uns auch ein unbekanntes Etwas vor Unheil zu schützen. Vor Ungleichgewicht vielleicht, den es bedeutet Unberechenbarkeit. So muss auch das Klima berechenbar sein und berechenbar bleiben. Für alle Zeiten. So wünschen wir uns das.

Klima: Ein Wort. Ein Begriff. Eine Matrix. Ein Tensor.

Was ist Klima und was davon wollen wir schützen?

Wir haben das Bedürfnis etwas zu schützen, das es gar nicht gibt, nämlich die Beschreibung eines Zustands durch ein Wort: GUT. SCHLECHT.

Ein demokratisch stabiles Klima wäre nicht schlecht. Ein Klima, das in irgendeiner Weise die Verbindung zwischen unseren alltäglichen Hoffnungen und einer unendlich fernen Wahrheit herstellt. Etwas das Harmonie, Legitimität und Hoffnung ausströmt.

Leider hat die moderne Klima-Ideologie das Potential der Angst für sich entdeckt. Im Strom einer selbst gedeuteten Verantwortung definiert sie den Weg zu einem politisch lenkbaren Erdklima, um im nächsten Schritt einen steuerpflichtigen Schutz zu fordern. Doch zum Glück schert sich das Klima nicht um Wünsche, Gedanken oder Modelle. Wie sollte sich ein Mittelwert auch um etwas scheren. Sie meinen, das würde dennoch funktionieren, wenn man es nur richtig wolle. Man könne sogar einen fluktuierenden Mittelwert schützen? Ihn, der eigentlich gar nicht greifbar ist, sich fortwährend ändert!

Nein. Das funktioniert nicht wirklich. Es wäre, als würde man alle geraden Zahlen davor schützen wollen, durch irgendeinen Umstand reell zu werden, also ein Komma einzufangen. Nein, auch das funktioniert nicht.

Und so bleiben das Klima, sein Wandel und alles was damit zusammenhängt Definitionen ohne Legitimation und derart schon wieder ein Ansatz für den Missbrauch des unbedarften Bürgers. So man es aus welchem Grund auch immer anstrebte. Zum Beispiel um reich und prominent zu werden.

Dabei möchten die Menschen doch nichts anderes als innig mit der Natur, dem Kosmos zu verschmelzen. Klima aber ist, wie die Homöopathie, an emotionaler Inhaltlichkeit nicht zu schlagen und so sind beide schier unerschöpfliche Geldquellen für moralische Wegelagerer.

Deren Elixier ist Ihr Geld. Sie kümmern sich liebend gerne um Ihren Schutz in dieser schrecklichen Zeit, in dieser miserablen, in diesem Weltall voll von gähnender Leere, Gefahren und Bündeln gefährlicher Strahlen. Und wir nehmen dieses Manipulationsangebot dankbar an. Ab sofort glauben wir ganz fest an die heilende Wirkung aller dieser geplanten teuren Handlungen.

Klima aber ist nichts als eine Einhüllende, eine Einlullende. Allein der Begriff liest und hört sich wohlig an, und das Wohlige darf nicht kaputtgehen. Würde es das, so würde jeder von uns in jeder Nacht ungeschützt in kalter Luft liegen. Unter freiem Himmel. Schlafend. Den Mächten der Finsternis ausgesetzt. Nicht sicher, dass das Dach seines Hauses ihn tatsächlich schützte vor all dem Ungemach, das da rundum dräut.

Und genau hierin liegen die Ansätze jener Priester des Atmospärischen. Sie kennen alle Geheimnisse von Atmosphäre und All und Erderwärmung und Erdabkühlung. Sie wissen, dass das Weltall unvermittelt über unseren Köpfen beginnt und nur diese fiktive Bettdecke aus Wolken und Kohlendioxid zwischen uns und dem Nichts liegt. Bis vor kurzem haben wir das noch gar nicht bemerkt. Doch jetzt ist dieses dreiatomige Molekül auf den Plan getreten, das alles erstickt, was ihm begegnet. Auch das Ungemach. Solange es nicht selbst dazu wird.

Wir hingegen wissen nichts vom Nichts unter und über dieser geheimnisvollen Decke, die immer dicker zu werden beginnt, je mehr Dieselautos fahren und je mehr Kerosinflugzeuge fliegen und je mehr Rindfleisch wir essen. Und darum rät man uns, sich in klimaneutrale eCars zu retten, deren Batterien von klimaneutralen Strom geladen werden, der vom Himmel herunterkommt wie einst der Heilige Geist, in den Füßen der Windräder gespeichert wird oder im Internet herumkurvt, bis er endlich gebraucht wird. Und weil er gar so sauber ist, ist er auch so teuer. Wir wissen, dass etwas nichts taugt, wenn es nicht teuer ist.

Und so kann man uns erzählen, dass alles schlecht ausgehen wird, wenn wir nicht baldigst mitmachen in diesem geheimnisvollen Spiel dessen Regeln niemand kennt, das uns aber eine nachhaltige Zukunft verspricht.

Bis dahin würden unser Sorgen um das Ist und Jetzt und um unsere ungewisse Zukunft kreisen, unsere Sorgen um das ungeschützte, dem leeren All und den ungestümen Menschen schonungslos ausgelieferte Klima.

Dass es vor allem für die Zukunft unserer Kinder wichtig wäre, es zu schützen, dass wir nicht mehr viel Zeit hätten mit diesem Schutz zu beginnen, andernfalls es auf der Erde bald zu warm würde und alles schmölze. Die Meere sauer und heiß würden, alle schönen Inseln im Ozean versänken und Vögel und Insekten stürben.

Sollten ungläubig wissende Wissenschaftler diese Botschaft anzweifeln, würden sie in Ungnade der Priester der Ozeane fallen, die alles wüssten und über diese geheimnisvollen Zusammenhänge wachten.

Schützen müssten wir daher flugs Atmosphäre und Klima. Auch wenn *Klima* lediglich ein Wort sei, doch *war am Anfang schon immer das Wort*.

1   Die Sonne ist das Kraftwerk

Dass da stets ein gewaltiger Feuerball über unseren Kopf hinwegzieht, scheint uns genauso wenig zu kümmern, wie die riesigen Flugzeuge mit ihren vollen Tanks.

Viel weniger kümmern sie uns, als der Regen, der für den heutigen Nachmittagsrundgang mit Tante Gerti vorhergesagt ist.

Dass wir über den wandernden Feuerball eigentlich viel mehr wissen sollten, als über unsere Gasheizung im Badezimmer, scheint uns auch nicht zu motivieren. Wir klagen aber sofort, wenn jemand mit der Idee einer CO2-Steuer daherkommt.

Es ist uns egal, wie weit der Ball entfernt ist von unserer fragilen Erde, was er da oben treibt und wie lange er noch da sein wird. Und wenn uns jemand versichert, dass er eigentlich gar keine Rolle spiele in unserem Klimageschehen, sondern nur einmal im Monat in der Abrechnung des Stroms, den unsere Dachkollektoren gesammelt hätten im letzten Monat, dann nähmen wir auch das hin.

Weil es uns genau genommen noch weniger interessiert, als das letzte verlorene Match gegen Eintracht.

Und doch ist es die Energie der Sonne, der wir unser Leben und unsere Lebensqualität verdanken, und alles andere auch da um uns herum. Das scheint in letzter Zeit in Vergessenheit geraten zu sein, denn es funktioniert ja alles. Warum das so ist, kann dann auch egal sein. Freilich sähe alles aus, als wäre die Feuerkugel vom Firmament verschwunden. Da wäre uns mit einem Mal klar, dass das Leben bald zu Ende sein würde.

Wir werden uns deshalb etwas mit diesem glühenden Ball, der Sonne beschäftigen, denn ohne ihren Einfluss begriffen zu haben, würden wir ihren Wert nicht schätzen. Wir werden dabei erkennen müssen, dass neben ihr die meisten anderen Faktoren nur eine untergeordnete Rolle spielen.

Natürlich werden wir uns auch mit den Elementen in unserer unmittelbaren Nähe beschäftigen. Das ist vor allem die Atmosphäre, von der wir unsere Atemluft herkriegen und das Wasser zum Gießen unseres Rasens. Wir müssen uns also auch darum kümmern. So sagt man uns fortwährend und eindringlich.

Man hat uns berichtet, dass sich da oben Spurengase herumtreiben und manches Böse anrichten können, wenn man sich nicht hinreichend um sie sorgt, wenn man also weiterhin Autos mit Verbrennungsmotor fährt, anstatt eCars und man zu viel Rindfleisch isst. Auf die Bedeutung des Grünen Veltliners ist noch niemand gekommen, es hätte gerade noch gefehlt, dass jemand erkennt, dass bei der Gärung massenhaft CO_2 entsteht, weshalb der Weinhauer eine brennende Kerze auf den Boden seines Weinkellers stellt, weil er weiß, dass CO_2 schwerer als Luft ist und daher nicht in die Atmosphäre aufsteigt, sondern zu Boden sinkt und man deshalb dort ersticken kann. Vielleicht nimmt einmal ein solcher Weinhauer an einer Klimakonferenz teil. Ab dann wäre dieses Faktum auch dort bekannt.

Bis alle auf dieser Welt begriffen haben, dass Brotkrumen und CO_2 auf dem Boden bleiben, werden wir uns noch Sorgen über unser Klima machen, falls wir das möchten, denn bis dahin werden alle glauben, dass das Spurengas CO_2 die Erde in zehn Kilometern Höhe perfekt wie ein Treibhaus abdeckt, so dass Reinhold Messner den Nanga Parbat auch in hohem Alter ohne lange Unterhosen wird besteigen können. Infolge des warmen Klimas.

Dann wird es bei uns so heiß sein, dass alle Gletscher der Schweiz schmelzen, auch das gesamte Eis auf Nord- und Südpol, folglich alle Meere überlaufen und irgendwann alle Ferieninseln im Wasser stehen werden, was sehr unangenehm sein wird, weil dann auch viele Strände in Südfrankreich überquellen werden. Vor allem von Badenden, die aus der Südsee flüchten.

Deshalb schon sollte man sich um das Klima kümmern und es eingehend zu schützen versuchen. So die Meinung der Klimaschützer.

Vorderhand hatte die Sonne im Mysterienspektakel von Medien, Regierung und Industrie eine untergeordnete Rolle zu spielen, und derart konnte der Klimaschutz als selbst gestellte Aufgabe ohne die geringste technische Realisierungschance das illusionistische Werkzeug zur CO_2-neutralen Geldvernichtung bleiben. Seine Rolle könnte dabei durchaus nachhaltig sein, wenn sich die Leute nur keine Gedanken machten über den Unsinn. Die Chance wäre tatsächlich groß.

Doch bleiben Sie gelassen: Klimaschutz wird nicht mehr bleiben als eine maximal teure Illusion; wir sollten nur davon Abstand nehmen und nicht noch versuchen diese zu realisieren.

Die physikalischen Gründe werden in den nächsten Kapiteln erörtert.

Mittlerweile ist nämlich erwiesen, dass unsere Sonne ihre Energie nicht gleichmäßig aussendet, sondern sie in *Zyklen* moduliert. Das ist schon unseren Vorfahren aufgefallen, allerdings wussten diese nicht, warum das so ist. Inzwischen aber kennt man Sonnenzyklen unterschiedlicher Amplitude und Frequenz.

Mittels einer Spektralanalyse (*Fourier Analyse*) des gemessenen zeitlichen Verlaufs der Sonnenaktivität konnte vor kurzem gezeigt werden, dass einige wichtige Zyklen, insbesondere der De Vries/Suess 210 Jahre-Zyklus, der 80-Jahre Gleisberg-Zyklus, der *AMO PDO* 65-Jahre-Zyklus und last not least der 11-Jahre Schwabe-Zyklus gemeinsam die Energieaussendung der Sonne und damit ihre Aktivität bestimmen.

Das ist für uns von großer Bedeutung. Zumal der damit errechnete Verlauf hervorragend mit den Messergebnissen übereinstimmt.

Es konnte nämlich gezeigt werden, dass mit der richtigen zeitlichen Superposition der Sonnenzyklen der zeitliche Verlauf der Energieemission unserer Sonne über die letzten 2500 Jahre hinweg quantitativ richtig dargestellt und damit der Verlauf des Klimas begründet werden kann. Die Superpositionslagen der einzelnen Zyklen sind weder Zufall, noch sind sie mehrdeutig. Sie sind zwingend, weil nur so der theoretische Verlauf der Energiefreisetzung mit der gemessenen Realität übereinstimmt. Bei dieser Superposition sind zusätzlicher Einflussfaktoren zur Anpassung der theoretischen an die experimentellen Werte, wie das bei anderen Modellen erforderlich ist, nicht mehr notwendig. Insbesondere kann die These über eine wie immer geartete Wärmewirkung von CO_2 in der Atmosphäre entfallen.

Der Wegfall von CO_2 als notwendigem Einflussfaktor für das Klima Tuning ist insofern beruhigend, als das für das Gedeihen der Flora erforderliche CO_2-Niveau in der Atmosphäre mindestens 130 ppm betragen muss, andernfalls mit einem dramatischen Rückgang des Pflanzenwachstums und der Artenvielfalt auf der Erde zu rechnen ist. Diese Werte sollten umgehend geprüft werden, weil sie großen Einfluss auf den weiteren Umgang mit CO_2 haben.

Mit etwas mehr als 400 ppm liegt die heutige CO_2-Konzentration in der Atmosphäre nahe an diesem kritischen Wert. Verglichen mit früheren, deutlich höheren Werten erscheint es daher nicht nur wirtschaftlich widersinnig, Maßnahmen zur zukünftigen Beschränkung der CO_2-Konzentration zu forcieren, oder gar das Ziel der sogenannten *CO_2-Neutralität* anzupeilen. Dass es technisch nicht zu erreichen ist, ist aus dem eben genannten Grund der

Erhaltung der Flora beruhigend. Dass bei diesem Versuch unendlich viel Kapital durch die Kraftwerke der Welt herausgeblasen werden müsste, sei nur am Rande erwähnt, denn bei all diesen Maßnahmen bleibt der Wirkungsgrad der Aktionen unbeachtet. Die sogenannten Erneuerbaren Energien funktionieren in der Realität nicht, sondern sind von klassischen Antrieben abhängig. Der Wirtschaftsingenieur nennt sie *Subventionen*. Subventionen sind der Hilfsmotor von Perpetua Mobilia in der Wirtschaft. Darüber aber später.

Vielmehr wäre eine wirksame Rückführung des von uns industriell erzeugten Kohlendioxids in den natürlichen Kreislauf unbedingt notwendig, andernfalls längerfristig auch mit einer weiteren Schädigung von Kalkgebilden, unter anderem den Riffen und mit dem Absterben lebenswichtiger Baumbestände zu rechnen wäre. Insbesondere in den Regenwäldern.

Die derzeitige für das Leben der bestehende Flora günstige CO2-Konzentration von ca. 400 ppm ist leider zeitlich beschränkt. Sie ist die Folge einer Erhöhung der mittleren Wassertemperatur der Ozeane durch die aktuell starke Sonnenaktivität. Gegen diese sind wir Menschen machtlos. Diese Erwärmung fördert die Ausgasung des in den Meeren gelösten CO2 und den damit für die Flora und auch für unser Leben günstigen Anstieg der CO2-Konzentration in der Atmosphäre.

Diese Erwärmung wird sich allerdings nicht mehr lange fortsetzen. Nach den aktuellen Ergebnissen spektralanalytischer Forschungen ist möglicherweise schon kurz nach 2020 mit dem Umschwenken des Klimas in eine Kaltzeit zu rechnen, womit sich die Situation auf der Erde deutlich, wenn nicht sogar dramatisch verändern wird. Auch auf eine solche Abkühlung hätten wir, wie auf die Erwärmung, keinen Einfluss.

Wir werden hier wichtige Effekte darstellen, quantifizieren und einordnen.

Wir kommen nun zum wichtigsten Einfluss unseres Daseins: zur Sonne.

Sie bestimmt das Leben auf der Erde. Die anthropogenen Einflüsse spielen nur eine untergeordnete Rolle. Sie sind zweifelsfrei vorhanden, jedoch vernachlässigbar, werden derzeit allerdings hysterisch überhöht vermarktet. Aus welchem Grund auch immer und gelegentlich, um dem Ganzen die erforderliche Dramatik zu verleihen wird sogar behauptet, dass unser technischer Einfluss größer sei, als der natürliche. Freilich ist das nicht der Fall, aber diese maßlose Übertreibung der menschlichen Fähigkeiten ist ein Teil des wirtschaftlich aufgeblasenen Schachspiels mit der Energiewende und dem konzertierten Klimawandel.

Nichtsdestoweniger wird die Sonne die elementare Einflussgröße in unserem Planetensystem und damit auf unserer Erde bleiben. Auch wird sich das Klima weiterhin und wie bisher gänzlich ohne unseren Einfluss verändern. Versuche, die Erde in ein thermodynamisches Gleichgewicht bringen zu wollen, wie das manche Forschungsgruppen erzählen, wären völliger Unsinn:

> Die Erde war niemals in irgendeinem Gleichgewicht, auch nicht in einem thermodynamischen, sie ist es derzeit nicht und sie wird es niemals sein, und sie kann niemals durch menschliche Eingriffe in ein solches gebracht werden. Dazu wäre die Kenntnis aller Systemgrößen an allen Orten, auch an den uns unzugänglichen und zu jeder Zeit erforderlich und vor allem wäre ein gezielter Eingriff von außerhalb in dieser Systemgrößen erforderlich. Das ist völlig illusorisch, also werden wir uns auch künftig anpassen müssen. Mehr ist nicht möglich.

> Das Wetter kann nicht geschützt werden. Also auch nicht das Klima.

Ein Schutz des Klimas, wie immer er gedacht sein soll, muss eine Utopie bleiben. Auch wenn wir zu fühlen meinen und gewisse Vorstellungen von einem Schutz des Klimas zu haben meinen, ist Klima lediglich der mittlere Zustand der Atmosphäre in einem definierten Gebiet, und damit der durchschnittlich zu erwartende Ablauf der Witterung. Wegen seiner Schwankungen ist das Klima nur für ausgewählte Zeiträume definierbar. Beispielsweise ehemals über die als *Normalperiode* angenommene Zeit von 1931 bis 1960. Schon der Ansatz des Schutzes eines solchen Mittelwertes zeugt gleichermaßen vom Unwissen und von der Gewissenlosigkeit der beteiligten Protagonisten.

Die wichtigsten *Klimaelemente*, deren Werte an meteorologischen Stationen und an Klimastationen, sowie von Satelliten beobachtet und gemessen werden, sind die Temperatur, der Luftdruck, die Windrichtung und Windstärke, Niederschläge, die Luftfeuchtigkeit, Art und Menge der Bewölkung und die Sonnenscheindauer. Diese Parameter werden unter dem Begriff *Klima* subsumiert.

Die mittlere Verteilung der Werte dieser Elemente wird bestimmt durch die sogenannten *Klimafaktoren*. Zu ihnen gehören die geographische Breite, die Höhe über dem Meeresspiegel, die Entfernung vom Meer und von den großen Binnenseen, die Lage zu den vorherrschenden Winden, Luv oder Lee von

Gebirgen, Hangneigung und Hangrichtung, Bodenbeschaffenheit und Vegetation.

Alle diese Parameter gemeinsam definieren also das Klima im betrachteten Bereich. Klima kann wie das Wetter unser Leben auf der Erde erträglich oder weniger erträglich machen. Nicht zu warm und nicht zu kalt sollte es sein, nicht zu trocken, aber auch nicht zu feucht, es sollten Mittelwerte herrschen zwischen Windstille und Sturm.

Neben den Klimafaktoren sind es viele andere Parameter unserer Umwelt, die wesentlich zu unserer Befindlichkeit beitragen. Vor allem sind es die Qualität der Atemluft, die Wasserqualität, sowie die Vielfalt und die Qualität der Nahrung. Sie bestimmen das Klima nur unwesentlich und dennoch tragen sie erheblich zu unserem Wohlbefinden auf der Erde bei. Wir sollten der Sauberkeit unseres Planeten also mehr Augenmerk schenken.

Auf das meiste davon – eigentlich auf alles – hat die Sonne direkten oder indirekten Einfluss.

Sauber also sollten Wasser und Atemluft sein. Diese nicht zu warm, nicht zu kalt, sondern erträglich, und immer sollen wir genug von jenem haben, was wir zu brauchen meinen. Nahrung natürlich. Wohnraum. Eine zuverlässige Zukunftsvorsorge. Einen einträglichen Beruf. Ein Auto, auch wenn es ein Umweltverschmutzer ist. Die erforderlichen elektronischen Geräte zu unserer Kommunikation und zu unserer Unterhaltung. Natürlich genügend Geld für einen Urlaub möglichst an allen Orten unserer Wahl.

Trotz der permanent quantitativ zunehmenden Menge der aus unserem Interesse zu beschaffenden Elemente, sollten wir versuchen, unsere Umwelt möglichst wenig zu belasten. Wir sollen sie am besten gar nicht belasten, sagen jene Ideologen, die mit dem Flugzeug zu Umweltkonferenzen fliegen und dort fordern, dass wir unsere Zukunft nicht permanent aufs Spiel setzen sollten, indem wir klimaneutral produzieren, konsumieren und vor allem lavieren.

Man fordert in orientierungslosem pauschalem Larifari die Nachhaltigkeit für irgendein beliebiges Zukunftsmanagement.

Wir haben unser Augenmaß verloren über das, was wir meinen beanspruchen zu dürfen oder gar beanspruchen zu müssen. Doch war Unsinn niemals ein Hindernis für den Triumph einer Grundanschauung, er scheint vielmehr die Voraussetzung dafür zu sein. Geistige und wissenschaftliche Armut einer

Behauptung oder eines Ansatzes verhindern nicht, dass sich dieser in der Massenseele einpflanzt.

Klima ist nur eine *Zustandsbezeichnung* eines Bereichs des *Systems Erde*. Doch ist sie inzwischen gefüllt von merkwürdiger Inhaltlichkeit. Dabei wird übersehen, dass sie als bloße Bezeichnung nicht geschützt werden kann. Rechtlich mag sie durchaus geschützt werden können, keinesfalls aber wissenschaftlich oder gar technisch.

Der Begriff des Klimaschutzes muss nicht nur hinterfragt werden. Ihm muss vielmehr spätestens dann entschieden Einhalt geboten werden, wenn er aus ideologischen Gründen zur unverschämten Lüge zu entarten beginnt. Beispielsweise wenn Kühltürme von Kraftwerken, die nur Wasserdampf ausstoßen, in mächtigen Bildern suggerieren, hier träte CO2 in Massen heraus, was unbedarfte Bürger dazu bewegen soll, kruden Argumenten und Plänen von Politikern zu folgen, um beispielsweise der Einführung einer CO2-Steuer zuzustimmen, auch wenn es dem eigenen Geldbeutel weh tut.

Dieses ‚Konzept' ist der blanke Wahnsinn, weil es in einer Steuer zu münden droht, die auf breiter Linie die Realisierung von Perpetua Mobilia aller Varianten anpeilt, was zwangsläufig in der technischen Pleite enden muss!

Kehren wir deshalb zurück zu unserer Sonne.

Weshalb ist sie für uns von solch eminenter Bedeutung: immerhin ist sie das Gravitationszentrum, um das wir mit den anderen Planeten kreisen. Sie ist eine gigantische und bei weitem die wichtigste Energiequelle für unser gesamtes Planetensystem und damit für unser Erdsystem. Aus einem Massenverbrauch von 4 Millionen Tonnen pro Sekunde erzeugt sie durch Kernfusion in ihrem Zentrum eine Leistung von 4.10^{26} Watt – gleich der Leistung von 10^{17} (= 100 Billiarden) riesiger Kernkraftwerke – und transportiert diese Energie in strahlenden und konvektiven Prozessen an die Oberfläche, die *Photosphäre*.

Von dort gelangt die Energie in Form elektromagnetischer Strahlung in den Weltraum. Nach etwas mehr als 8 Minuten kommt sie in unserer Atmosphäre an, durchquert diese und trifft auf die Oberfläche unseres Planeten. Das alles klingt so profan und harmlos und ist vielleicht gerade deswegen unbegreiflich.

Das Spektrum der Strahlung ähnelt jenem eines schwarzen Körpers mit einer Temperatur von 5700 Kelvin = ca. 5430 °C.

Wegen der großen Entfernung zwischen Sonne und Erde ($1,5.10^{8}$ km) und des relativ kleinen Radius unseres Planeten (6370 km) landet nur ein Milliardstel der emittierten Sonnenleistung (1365 Watt/m^2) auf der Oberseite der Erdatmosphäre.

30 % der eintreffenden Strahlung werden nutzlos in den Weltraum zurückgeworfen (der Rückstrahlungsanteil, *Albedo*). Damit beträgt die vom gesamten Erdsystem empfangene Leistung etwa 10^{17} Watt. Im Vergleich dazu sind die Beiträge aller anderen Energiequellen, also kosmische Strahlungs-teilchen, geothermische Energie aus dem radioaktiven Zerfall im Erdinneren, Gravitationsenergie durch Umformung des Erdkörpers, sowie Gezeitenenergie, vernachlässigbar.

Betrachtet man die Erde näherungsweise als schwarzen Körper, so ergibt sich für stationäre Bedingungen eine globale Durchschnittstemperatur von −18 °C. Dieser Wert liegt erheblich unter ihrer tatsächlichen Temperatur von 15 °C. Eine Differenz, die schon früher Anlass zu Analysen gab. Die ersten stammen vom berühmten französischen Mathematiker und Physiker Jean Baptiste Joseph Fourier (1768 – 1830).

Die Erwärmung um 33 °C, von minus 18 auf plus 15 Grad erfolgte durch Vorgänge aus der Zusammensetzung, der Struktur und der Dynamik der Atmosphäre. Der daraus resultierende Temperatureffekt wird heute als *Natürlicher Treibhauseffekt* bezeichnet.

Um seine Wirkung zu erklären, wurde die Erdatmosphäre in einem Gedankenexperiment als Treibhaus interpretiert, obwohl sie prinzipiell keines sein kann. Der physikalisch sinnwidrige Vergleich hatte überraschenderweise die Zeit bis jetzt überdauert und eine Reihe von Anhängern gefunden, die meinten sie hätten alles verstanden: Man hatte ein einfaches Pendant zu dieser Schutzhülle konstruiert, die die Wärme der Sonne in einem definierten Bereich bewahren sollte, um die Temperaturspanne ΔT= 33 °C hervorzubringen: ein Treibhaus, wie ein solches aus Glasplatten für die Zucht von Tomaten und Paprika, gehalten auf Metallträgern. Auch ein geschlossenes Auto ist ein solches Treibhaus. Steht es in der Sonne, dann steigt die Temperatur auf gefährliche Werte an, weil kein Wärmetausch der Luft durch Konvektion mit der Umgebungsluft stattfindet. Es ist also nicht eine eingesperrte Strahlung, von der der Nichtphysiker Mr. Al Gore schwärmt, sondern die in seinem Auto eingesperrte Luft, die die Autoatmosphäre so gefährlich erhitzt.

Mit diesem Atmosphärenmodell erreichte die Erde, so behauptet man, die lebensentscheidende Temperaturdifferenz von 33 Grad wie unter einer Bettdecke. Das ist das Treibhausmodell, und diese Erklärung hat sich bis heute erhalten, so wird weiter propagiert, obwohl es der Situation und der Wirksamkeit der Atmosphäre nicht entspricht, denn die Atmosphäre ist weder ein Treibhaus für Tomaten, noch ist sie ein Automobil. Sie ist im Gegensatz zu diesen technischen Konstrukten ein offenes dynamisches Modell mit einem überaus komplexen 3-dimensionalen konvektiven Luftaustausch.

Nun spielen bei der ganzen Sache auch noch die projektiven Bedingungen, die sich aus der geometrischen Stellung zwischen Sonne und Erde ergeben eine große Rolle. Die Bedingungen sind dabei recht einfach. Aus ihnen ergibt sich ein beträchtlicher Energieunterschied zwischen der auf die äquatorialen und die polaren Regionen eintreffenden Strahlungsleistung:

Wegen der Kugelform der Erde hat die einfallende Sonnenenergie mit 1365 W/m^2 ihr Maximum in niedrigen Breiten (= Äquatornähe). Dort kann die Sonnenstrahlung senkrecht und daher mit hoher Strahlungsdichte auf die Erdoberfläche treffen. Der rechte Winkel ist überall zwischen den beiden Breitenkreisen möglich. In der Region zwischen dem nördlichen Wendekreis (zu Frühlingsbeginn) und dem südlichen (zu Herbstbeginn) kann es sehr heiß werden.

Der Einfallswinkel der Sonnenstrahlung und damit deren Strahlungsdichte nehmen mit dem Cosinus des Breitengrades zu beiden Polen hin ab, daher wird es beispielsweise bei uns zum Winter hin kälter.

Doch ist nicht nur der Einfallswinkel der Sonnenstrahlung für ihre Intensität auf der Erdoberfläche entscheidend. So gleichen außerordentlich komplexe physikalische Prozesse in der Atmosphäre die von der Sonne eintreffende Energie örtlich in entscheidender Weise aus, indem sie durch die Kopplung von Atmosphäre und Ozeanen permanent Energie von niedrigen Breiten (= warmen Zonen) zu hohen Breiten (= kalten Zonen) transportieren.

Im scheinbar konstanten Energiefluss der Sonne, der in unser Klimasystem gelangt, sich dort verteilt, auf der Erdoberfläche zum Wachstum der Pflanzen, zum Schmelzen von Gletschern, zu Erwärmen von Gewässern umgesetzt und zum Teil wieder in den Weltraum abgegeben wird, könnte man ein eher monotones quasi-stationäres System erwarten.

Tatsächlich aber ist unsere scheinbar langweilige Glashaus-Atmosphäre ein hochdynamisches nichtlineares Klimasystem – nur rudimentär berechenbar und nicht im mindesten zu beeinflussen – und deshalb kann das Klima niemals im Gleichgewicht sein. Es ist auch wie das Wetter nicht wirklich vorhersehbar.

Die Voraussage des Verlaufs der mittleren Erdtemperatur ist keine Klimavorhersage.

Vielmehr gebietet es unsere gnadenlose Abhängigkeit, sich ihm optimal anzupassen. Aber es wäre unklug und gefährlich, sich mit ihm anlegen zu wollen. Denn ein *Schutz des Systems* ist nicht einmal definierbar, auch könnte kein wie immer gearteter Versuch schon deswegen nicht erfolgreich sein, weil die Systemreaktion bei keinem Eingriff vorhersehbar ist. Das System ist nicht regelbar, weil es zu komplex und zu groß ist. In der CO_2-Konzentration eine Regelgröße erkennen zu wollen, ist beklemmend naiv.

Man sollte endlich mit dem hanebüchenen Unsinn aufhören, den Mittelwert des Wetters, das Klima, schützen zu wollen.

Das Klima lässt sich nicht verändern. Es lässt sich nicht verbessern. Es arbeitet für uns im Verbund mit der gewaltigen *Energiequelle Sonne*. Deshalb sind wir durch unsere lange genetische Vorgeschichte optimal auf die Verhältnisse eingestellt, die uns das Klima stets vorgesetzt hat. Auf Wärme und Kälte, auf Winde, Säuren, Basen, auf Strahlungen verschiedenster Art. Alles das können wir ohne Schaden akzeptieren. Und jetzt sollte es plötzlich eine Gefahr sein. Wer glaubt denn sowas?

Die Sonne ist jener gewaltige Apparat, der gemeinsam mit der phantastischen irdischen Atmosphäre unser Leben ermöglicht. Beide werden wohl noch lange Zeit hindurch funktionieren. Vergleichsweise lächerlich kurze Zeit leben wir und haben großes Glück, dass es für uns diese Zeit gibt. Wir sollten aufhören, in dieser Zeit damit zu hadern und uns im Strudel obstruser Ideen und Ängste kranker Geister fortreißen lassen.

Die Sonne befindet sich im äußeren Drittel der Milchstraße. Sie ist jener Stern, welcher der Erde am nächsten ist. Die Sonne ist der einzige Stern, dessen Oberfläche wir in Einzelheiten studieren können. Andere Sterne sind für unsere Technik viel zu weit entfernt. Damit wissen wir viel mehr über ihn, als über unendliche viele andere Sterne, wenn auch keineswegs alles. Auch mit dem größten irdischen Fernrohr ist kein anderer Stern als ausgedehnte Scheibe erkennbar.

Die Sonne ist ein Stern durchschnittlicher Größe. Die Masse mancher Sterne ist 30-mal größer als die der Sonne, die Masse anderer Sterne beträgt vielleicht nur 1/30 der Sonnenmasse. Manche Sterne sind aber 1000-mal heller als die Sonne, andere wieder um ein Vielfaches schwächer.

Die Sonne bildet mit ihrer Masse von 99,86 % der Masse des gesamten Sonnensystems, sie ist dessen Zentrum und ihre Masse ist das 300.000-fache der Erdmasse. Mit 1,4 Millionen Kilometern beträgt ihr Durchmesser das 110-fache der Erde.

Dennoch ist sie nur ein sogenannter *Zwergstern* (*Gelber Zwerg*) im Entwicklungsstadium der *Hauptreihe* und damit nur ein durchschnittlich großer Stern.

Hauptreihensterne wie die Sonne erzeugen ihre *Energie durch Fusion von Wasserstoff zu Helium*. Die Fusionsenergie der Sonne äußert sich in lebenswichtiger Strahlung für uns. Wir haben es auf der Erde trotz jahrzehntelanger Bemühungen bisher nicht geschafft einen Fusionsreaktor zu bauen. Die einzige Variante waren unsere Wasserstoffbomben, deren Energieoutput wir aber nicht richtig kontrollieren konnten. Die Sonne ist keine Wasserstoffbombe, doch ist sie ein extrem gefährlicher Stern. Ihr sind wir völlig ausgeliefert, ihren Energieoutput können wir weniger kontrollieren als jenen von irgendeiner unserer Wasserstoffbomben. Wenn sie in irgendeiner Weise versagte, wären wir erledigt. Das wollen wir nur nicht wahrhaben oder wahrscheinlich haben die meisten von uns nicht die geringste Ahnung von der riesigen strahlenden Kugel.

Sie ist nicht das, was wir von unseren vergleichsweise harmlosen und winzigen Kernreaktoren verlangen: sie ist in ihren Sicherheitseinrichtungen nicht redundant und nicht diversitär. Wir wissen ja nicht einmal, was in ihrem Inneren los ist. Wüssten wir es, würden wir wahrscheinlich nachts kein Auge mehr zutun. Unsere Distanz zu ihr scheint uns gewaltig, doch ist sie es nicht. Ihre Wirkung von uns ist nur lächerliche 8 Minuten entfernt. Wir sind ihr hilflos ausgeliefert und hätten nur 8 Minuten Zeit zu reagieren, wenn sie beispielsweise explodierte. Abgesehen davon, dass jede unserer Maßnahmen ohnedies völlig nutzlos wäre.

Nur weil sie sich bisher so scheinbar gleichförmig verhalten hat und wir so kurz mit ihr und durch sie leben, haben wir Vertrauen zu ihr. Wir wissen aber keineswegs, was alles in ihr steckt.

Wir konnten ihr bisheriges Verhalten mit unseren beschränkten Mitteln analysieren und unsere Schlüsse für ihre Zukunft ziehen und damit für unsere. Das ist alles. Und jetzt plagen wir uns noch gegenseitig mit unserem Unwissen über die Atmosphäre, statt uns intensiv mit der radioaktiven Kugel über unserem Kopf zu beschäftigen.

Mit 4,6 Milliarden Jahren ist sie so alt wie das Sonnensystem und hat in dieser Zeit in ihrem Kern 14.000 Erdmassen Wasserstoff durch Kernfusion in Helium verwandelt.

Ihre Leuchtkraft und ihr Durchmesser haben bei diesem alles verzehrenden Prozess zugenommen und in etwa 7 Milliarden Jahren wird sie zum Roten Riesen entartet sein, der dann auch die Erdbahn verschlingt. Ein gruseliger Gedanke, mit dem sich junge Klimatiker demütig auseinandersetzen sollten, bevor sie unqualifizierte Behauptungen über diesen Stern abgeben.

Die Oberfläche der Sonne | ⊙ | zeigt eine ständig wechselnde Zahl von *Flecken*, die in geheimnisvollem Zusammenhang mit gewaltigen Magnetfeldern stehen, die auf ihrer Oberfläche und in ihrem Inneren herumzerren. Solche Sonnenflecken gehören zu wichtigen Phänomenen der Sonnenaktivität. Sie haben einen wesentlichen Einfluss auf die Strahlungsintensität unseres Sterns uns damit auf uns.

Der Himmelslauf der Sonne gliedert für uns Tag und Jahr, daher wurde sie in den Sonnenkulten der Urzeit verehrt. Die Sonnenstrahlung ist eine der Grundvoraussetzungen für die Entwicklung des Lebens auf der Erde. Ihr Energieausstoß pro Sekunde ist das 20.000-fache unseres gesamten Primärenergieausstoßes seit Beginn unserer Industrialisierung. Das ist nicht bedeutungslos und kann zum Vergleich herangezogen werden.

Als *Solarkonstante So* - oder *Eo* – bezeichnet man die langjährig gemittelte extraterrestrische Strahlungsstärke (Intensität) der Sonne, die bei mittlerem Abstand Erde–Sonne senkrecht zur Einstrahlrichtung auf die Erdoberfläche trifft. Der Begriff *Konstante* wird wie selbstverständlich verwendet, auch wenn es sich um keine Naturkonstante handelt. Wenn wir also von Gleichgewicht und Stabilität träumen, um uns damit sicherer zu fühlen, müssen wir erkennen, dass unser Heimatstern keineswegs stabil ist und sich in keinem wie immer gearteten Gleichgewicht befindet.

Die Sonne setzt pro Sekunde mehr Energie frei als es alle Kernkraftwerke der Erde in den nächsten 750.000 Jahren noch täten.

Als extraterrestrische Strahlung entfällt im Jahresmittel auf die Atmosphäre pro Quadratmeter eine Leistung von 1,367 Kilowatt. Die *TSI* (*Total Solar Irradiance*).

Ihr Strahlungsmaximum liegt derzeit im sichtbaren Licht. Nicht im Infrarot, wie man annehmen könnte und vielleicht angenommen wird. Ihr Licht wird vom menschlichen Auge als reines Weiß wahrgenommen.

Ein starker Neutralfilter ermöglicht eine direkte Sonnenbeobachtung (Achtung auf die Augen!). So erkennt man die Sonnenscheibe direkt und in der Regel als Weißgelb oder Gelb, bei horizontnaher Stellung der Sonne als Orange.

In jedem Fall wird durch die *Rayleigh Streuung*, das ist die elastische Streuung der elektromagnetischen Wellen des Sonnenlichts an den Teilchen der Erdatmosphäre, der kurzwellige (= violette und blaue) Anteil der sichtbaren Sonnenstrahlung in größere Winkel gestreut (abgelenkt). Damit erreicht der blaue Anteil des Sonnenlichts das Auge des Beobachters kaum direkt von der Sonnenscheibe her, sondern hauptsächlich aus größeren Seitenwinkeln, also seitlich aus dem Himmel. Derart entsteht das Blau des Himmels, auch das Orange der Sonne und des Mondes bei horizontnaher Stellung der beiden.

Vom Weltraum aus gesehen ist eine blaue Farbe des Himmels nahezu nicht erkennbar, denn sie wird vom Weiß der Erdoberfläche überstrahlt.

Das Alter der Sonne kann aus modernen Sternmodellen und der radiometrischen Datierung von Gesteinen im Sonnensystem abgeleitet werden. Charles Darwin hatte die Dauer des Abtragungssprozesses der südenglischen Kreide auf 300 Millionen Jahre geschätzt. So lange etwa sollte die Sonne bereits gebrannt haben.

William Thomson ‚Lord Kelvin' bezweifelte Darwins Schätzung. 1862 machte er als dauerhafte Energiequelle für die Sonnenstrahlung die von Hermann von Helmholtz vorgeschlagene Freisetzung gravitativer Bindungsenergie verantwortlich und berechnete im Widerspruch zu Darwin das Sonnenalter *von sehr wahrscheinlich* unter 100 Millionen Jahren. Später engte er zudem die Abkühlungsdauer des Erdmantels auf 20 bis 40 Mio. Jahre ein, was wieder völlig falsch war. Nicht akzeptierte er zudem den radioaktiven Zerfall von U238 als Quelle der Erdwärme, was Ernest Rutherford 1904 richtig geschätzt hatte.

Kaum zwanzig Jahre später wurde 1920 mit der Kernfusion die ununterbrochene Energieabgabe der Sonne über geologische Zeiträume hinweg erklärt.

Für die Sonne lassen sich inzwischen schalenförmige Zonen mit völlig unterschiedlichen Eigenschaften bezüglich Druck und Temperatur abgrenzen: eine Kernzone als Fusionsofen, die innere Atmosphäre bis zur sichtbaren Oberfläche und darüber die äußere Atmosphäre. Im Zentrum ist die

Teilchendichte der Protonen etwa 1000-mal größer als in Wasser. Deshalb und auch durch die dicke Isolierschicht entsteht die hohe Kerntemperatur.

Infolge der Verteilung dieser gewaltigen Energien in unterschiedlichen Größenordnungen und zudem über riesige Raumbereiche hinweg kann innerhalb der Sonne eine komplexe nichtlineare Dynamik nicht nur vermutet werden, sondern sie ist nahezu zwingend. Die Struktur dieses höllischen Sterns und die kausalen Zusammenhänge in ihm zu ergründen, ist eine gewaltige Aufgabe der Solarphysik. Trotz unserer hervorragenden theoretischen Mittel ist die Analyse des dynamischen Verhaltens des Sonnenkörpers nur mit indirekten Ansätzen möglich.

Die Hälfte der Sonnenmasse konzentriert sich in 25 % des Sonnenradius, d. h. ungefähr 1,5 % des Sonnenvolumens. Dort werden 99 % der Fusionsleistung von $3,9 \cdot 10^{26}$ Watt frei. Die Leistung von 100 Billiarden unserer größten Kernkraftwerke. Eine Information für jene, die immer noch panische Angst vor der Kernenergie haben und nun sagen werden, dass die Sonne doch so weit entfernt wäre, sie also nicht so gefährlich werden könne, wie ein Kernkraftwerk hier in der Nähe.

In einem Tausendstel des Volumens der Sonne entsteht die Hälfte ihrer Leistung. Das klingt insofern wie ein schlechter Witz, denn ihre mittlere Leistungsdichte liegt in der Größenordnung der Leistungsdichte eines Komposthaufens (ca. 10 W/m^3).

[https://literatur.thuenen.de/digbib_extern/dk016224.pdf]

Ihre riesige Gesamtleistung kommt aus ihrem gewaltigen Volumen.
Eine Erdmondbahn mit doppeltem Radius Erde-Erdmond hätte in dieser Kugel Platz:
$$1,4.10^{18} \text{ km}^3 = 1,4.10^{27} \text{ m}^3$$

Jetzt könnte man vielleicht voreilig daraus schließen, dass die Energieversorgung der Erde mit der erneuerbaren Energie von Misthaufen sicherzustellen wäre. Wie bei der Energiewende liegt aber auch hier das Problem in der Größe des Systems, deren Problematik nicht selten übersehen wird und die sich auch im Versuch, die Grundlastversorgung mit der sogenannten *Windkraft* sichern zu wollen (gemeint ist dabei übrigens nicht die Windkraft, sondern die *Windenergie*) in schonungsloser Realität zeigt.

Dass auch hier Kraft einfach mit Energie verwechselt wird, ist ein Zeichen, dass mindestens bei der Darstellung der Problematik Laien zugange sind. Diskutiert man mit ihnen, dann pflegen sie solche Unterschiede abzuwiegeln und sie meinen darstellen zu können, dass dieser Unterschied unbedeutend wäre. Das ist freilich keineswegs der Fall. Der Unterschied zwischen Kraft und Energie ist beispielsweise so bedeutend wie der Unterschied zwischen *Quadratmeter* und *Kubikmeter*, was vielen einleuchten wird.

Wer aufgrund solchen Unwissens keine solide Problemanalyse durchführen kann, ist ein physikalischer Laie. Wer dann zudem noch mit unbewiesenen Vermutungen Geld verdient, ist ein Künstler, wer aber gegen eigenes Physikwissen zum Nachteil seiner ihm anvertrauten Staatsbürger argumentiert und nicht realisierbare Konzepte durchpeitscht, gehört hinter Schloss und Riegel.

Die Energiefreisetzung in der Sonne erfolgt durch die Proton-Proton-Kette. Dabei fusionieren im ersten Schritt zwei Protonen zu einem Deuterium-Kern. Die Reaktion ist äußerst unwahrscheinlich. So braucht ein Proton im Mittel 10^{10} Jahre um mit einem anderen Proton zu reagieren, was im Einklang mit der langen Lebensdauer der Sonne ist.

Dass dieser stark temperaturabhängige Fusionsreaktor bei ungünstigen physikalischen Transienten nicht thermisch durchgeht und explodiert oder sich abschaltet, was für die Erde gleichermaßen ungünstig wäre, liegt daran, dass er einen *negativen Temperaturkoeffizienten* hat, gleich bedeutend mit einem *positiven Dichtekoeffizienten*, weswegen eine zufällig einsetzende zusätzliche Wärmeleistung sein Inneres – und wohl ist das auch bei anderen ähnlichen Sternen so – nicht noch heißer werden und ihn damit nicht explodieren, sondern abkühlen lässt, weil sich das Gas durch die Erwärmung zwar ausdehnt, doch der gravitative Druck in den angehobenen Schichten sinkt.

Bei einer Verringerung der Wärmeleistung kehrt sich der Prozess um. Die Leistung der Sonne oszilliert also. Wahrlich kein beruhigender Gedanke für einen Physiker.

Was die genauen Mechanismen dieser höllischen Oszillationen sind wissen wir nicht. Wir hätten ohnedies keinen Einfluss darauf, doch bleibt durch diese negative Rückkopplung zumindest der Druck im Stern einigermaßen konstant und dieser unter etwa konstanter Leistung. Zumindest geht man für die nächste Zeit davon aus. In dieser Zeit hat sich das Klima aber tausende Male gewandelt und die Menschheit schon längst das Zeitliche gesegnet. Also macht euch keine Sorgen.

Die zugehörigen Kompressionswellen sind von unvorstellbarer Gewalt, sie durchlaufen die monströse Masse des Sonnenkörpers in weniger als einer Stunde. Solche Wellen könnten zu prompten Energiefluktuationen führen.

Ganz ehrlich, ich mag die Sonne mit meinem kleinen Spiegelteleskop gar nicht betrachten. Ich mag mich nicht fragen, weshalb dieses Ding, von dem ich und meine Familie abhängen, stabil sein sollte. Ich nehme es einfach zur Kenntnis. Dagegen sind die riesigen Kerne meiner Kernreaktoren, an denen ich jahrzehntelang gearbeitet habe ein Witz, auch wenn jetzt manche von Ihnen, liebe Leser, aufschreien und ihre Bekenntnisse dazu abgeben werden. Das stört mich nicht, denn Sie haben davon keine Ahnung, daher Ihre Angst.

Man sollte nicht fortwährend an gigantische und völlig unberechenbare Umverteilungen in solchen Sternen und an die durchaus möglichen verheerenden Konsequenzen denken, sondern dies alles einfach akzeptieren, auch dadurch wird man zur Erkenntnis geführt, dass in diesen Dimensionen der menschliche Einfluss völlig bedeutungslos ist. Normalen Menschen, die ihrer täglichen Arbeit nachgehen, kann man es nicht verübeln, dass sie davor Angst haben.

Knapp 2 % der Sonnenenergie werden von den bei der Fusion entstehenden Neutrinos fortgetragen. Sie sind das Geheimnisvollste, was man sich derzeit vorstellen kann. Die Teilchen sind zwar vorhanden, man kann sie nachweisen, aber sie treten kaum in Erscheinung. Ihr Wirkungsquerschnitt ist so gering, dass sie mit der Erde faktisch nicht wechselwirken, wenn sie auf sie treffen.

Sie gehen bei einer Seite in den Globus hinein und auf seiner anderen Seite wieder hinaus. Stellen Sie jetzt keine Fragen, stellen Sie jetzt vor allem nicht die Frage, ob Sie selbst auch von einem solchen Teilchen getroffen werden könnten und was dabei passierte. Ob Sie davon Krebs bekommen könnten. Antwort: Sie werden fortwährend getroffen und merken es nicht.

Eher kriegen sie von einem bunten Bonbon Krebs oder von irgendetwas anderem, aber nicht von einem der Neutrinos, die Sie ständig durchdringen.

Die Leute meinen sowieso, sie kriegten von jeder Art von Strahlung bei jeder Dosis Krebs. Das ist freilich theoretisch möglich, aber sehr unwahrscheinlich, wenn man nicht im Urlaub auf Kreta stundenlang in die Sonne liegt oder im Bikini vor der Skihütte sitzt. Strahlung ist lebenswichtig und nicht a priori lebensgefährlich. Sie wird es aber durch unsinnige Berichte der Zeitungen. Vor wenigen Jahren noch sollten alle Mobilfunk-Masten abgebaut werden, um den

Elektrosmog zu minimieren. Nun beklagt man die Funklöcher und bezeichnet den Beschluss eines rasanten Aufbaues fehlender Masten als großen Wurf.

Jedenfalls beseitigt Strahlung häufiger maligne Zellen während deren Teilung, weil sich solche Zellen häufiger teilen als gesunde und daher eher bei der Teilung von hochenergetischen Teilchen erwischt und vernichtet werden.

Die Neutrinos, also diese mit Materie extrem schwach wechselwirkenden Teilchen, erreichen aus dem Zentrum der Sonne kommend innerhalb weniger Sekunden deren Oberfläche und nach acht Minuten die Erde. So kurz ist die Distanz zur Sonne. Wer meint, die Sonne wäre echt weit entfernt, dem ist noch nicht klar geworden, wie kurz acht Minuten sind. Er sollte sich einmal vorstellen, sein Auto wäre an einem unbeschrankten Bahnübergang hängengeblieben und der Nachbar tröstete ihn, dass der nächste Zug ohnedies erst in acht Minuten käme.

An einem hellen Sommertag stets an die Gefahren der Sonnenstrahlung zu denken, ist sinnlos, ebenso sich unter die Erde in einen atombombensicheren Bunker zu verkriechen. Er nützte bei Neutrinos ohnedies nichts, denn sie durchdringen alle irdischen Massen, auch Stahl und Beton. Die Reaktion der Neutrinos mit irdischer Masse ist also vernachlässigbar gering, vermutlich also wird deswegen auch keines unserer Chromosomen beschädigt werden. Wir werden nicht an Krebs erkranken, den ein Neutrino ausgelöst hat. Das sollte also unsere geringste Sorge sein.

Die Energie von Teilchen in der Sonne ist am Ort ihrer Entstehung im thermischen Gleichgewicht mit ihrer Umgebung. Die Strahlung, die sich dabei ergibt, ist von der Art weicher Röntgenstrahlung. Im Zentrum der Sonne hat ihr Energiefluss den ungeheuren Wert von $3 \cdot 10^{21}$ W/m^2.

Obwohl sie kompliziert sind, kennen wir die grundsätzlichen Zusammenhänge der Parameter in der Sonne, nicht aber ihre makroskopische Vielfalt.

Da die mittlere freie Weglänge der Photonen von der Größenordnung *Atomkernabstand* ist und sie im Energiegleichgewicht mit den Kernen sind, brauchen sie bei ihrem Random Walk zur Oberfläche im Mittel ca. 17 Millionen Jahre. Ein Maß für die Zeitkonstanten der Abläufe in der Sonne und doch keines für irgendwelche irdischen Bemühungen. Bei 25 % des Radius der Sonne ist der Strahlungstransport höchst effizient und doch beträgt bei einem Temperaturgradienten von etwa 0,1 K/m die Energiestromdichte nur 100 kW/cm^2. Der Temperaturgradient ist zwar zehnfach steiler als in der Erdatmosphäre, doch wird er trotz des großen Gravitationswertes durch den großen Druckgradienten kompensiert und führt daher zu keiner wesentlichen Konvektion.

Da sich die Einflussfaktoren also teilweise kompensieren, bleibt die Schichtung nach außen hin zunächst stabil: mit der abnehmenden Temperatur wird die thermische Strahlung gemäß Stefan-Boltzmann-Gesetz schwächer, das Material mit sinkender Dichte optisch durchlässiger, der Leistungsfluss verteilt sich auf eine größere Kugelschalenfläche und die Gravitationswirkung nimmt ab.

Die abgekühlten Elektronen spüren einzelne Kerne auf. Insbesondere solche mit hoher Kernladung. Sie rekombinieren sogar kurzzeitig in den Atomhüllen, was die Ausbreitung der Strahlung behindert und die optische Durchlässigkeit verringert. Die *Opazität* (Trübung, Beschattung) nimmt also zu. Damit wird der Temperaturgradient steiler. Bei 70 % des Radius erreicht er den adiabatischen Wert und die Schichtung wird labil. Dies definiert die Grenze der sogenannten *Strahlungszone*: oberhalb wird der Wärmestrom zunehmend konvektiv transportiert.

Der weitere Verlauf der Opazität beeinflusst zwar die Intensität der Konvektion, nicht aber die Verläufe von Temperatur und Druck. Diese sind unter anderem durch das Schwerefeld festgelegt. In weiten Teilen der Konvektionszone ist die Strömungsgeschwindigkeit gering; sie beträgt dort wenige Meter pro Minute. Die Konvektionszellen sind groß, sie werden sowohl von der Rotation der Sonne, als auch von ihrem inneren Magnetfeld gehalten und bestehen über Monate bis Jahre hindurch.

Im Bereich von 20.000 km bis 1000 km unter der sichtbaren Sonnenoberfläche tragen auch Frei-Frei-Übergänge, also ungebundene Zustände an He^+ und H^+ stark zur Opazität bei. Dadurch wird die Konvektion kleinräumig und erreicht Geschwindigkeiten von über 1 km/s. Das Brodeln, im Teleskop als *Granulation* erkennbar, ist eine Erscheinung die darauf beruht. Der in diesem Bereich intensive Impulstransport macht sich mit der radialen Abhängigkeit der Rotationsrate bemerkbar.

An der oberen Grenze des genannten Bereichs fällt der Ionisationsgrad von Wasserstoff steil ab. Nach der *Saha-Gleichung* ist er hauptsächlich von der Temperatur abhängig. Diese Gleichung beschreibt im thermodynamischen Gleichgewicht die Abhängigkeit des Ionisationsgrades eines Gases von der Temperatur. Der Ionisationsgrad beträgt in etwa 1000 km Tiefe bei einer Temperatur von 10.000 K und einer Dichte von knapp 1 g/m^3 noch fast 80 %, ist aber bei 6000 K und etwas geringerer Dichte nur noch ein Hundertstel davon, womit Begegnungen von Elektronen mit Ionen um vier Größenordnungen seltener werden.

Warum das Material unter diesen Bedingungen nicht schon längst durchsichtig ist – zur Ionisation von Wasserstoff reicht die Energie der Photonen nicht aus –, fand Rupert Wildt im Jahre 1938 heraus: das neutrale H-Atom kann mit einem Zwanzigstel der Bindungsenergie noch ein weiteres Elektron binden und das tritt auch bei noch geringerer Ionisationsrate des Wasserstoffs auf, zumal Elektronen aus der Ionisation von Metallen zur Verfügung stehen.

Weil die Dichte mit der Skalenhöhe zunehmend schneller abnimmt, wird das Material schließlich doch durchsichtig und die Photonen können nahezu ungehindert nach außen entweichen. Dies geschieht in der Photosphäre (griech. *Kugelschale des Lichts*). Die Tiefe, aus der die Sonnenstrahlung im Mittel entweicht, variiert je nach Wellenlänge und Austrittswinkel um wenige 100 km. Am Sonnenrand erkennt man unter flacherem Winkel eine höhere, kältere Schicht, wodurch der Rand dunkler erscheint.

Da Sterne als Gaskugeln keine feste Oberfläche haben, ist auch der Sonnenradius entsprechend ungenau. Er ist als jener Wert definiert, bei der die Gastemperatur der Energiestromdichte von $63{,}2\,\mathrm{MW/m^2}$ entspricht. Die effektive Strahlungstemperatur beträgt 5778 Kelvin. Bedingt durch eine stärker gerichtete Ausstrahlung bei kürzeren Wellenlängen ist die Farbtemperatur der Sonnenstrahlung mit etwa 6000 Kelvin etwas höher.

Oberhalb der Photosphäre liegt die *Chromosphäre*. Die Konvektionszone mit ihrem durch Expansion des Gases von knapp 1 auf $0{,}003\,\mathrm{g/m^3}$ negativen Temperaturgradienten reicht etwa 500 km in die Chromosphäre hinein. Oberhalb eines scharfen Minimums von 4100 K stellt sich im Strahlungsgleichgewicht eine Temperatur von etwa 7000 K ein, während die Dichte auf $10^{-7}\,\mathrm{g/m^3}$ abnimmt.

Strahlung aus der Photosphäre wird in der Chromosphäre (griech. *Farbschicht*) zu einem kleinen Teil absorbiert und von dort wieder abgestrahlt. Vor dem Hintergrund der Photosphäre entstehen dadurch die *Fraunhoferschen Absorptionslinien des Sonnenspektrums*. Bei totalen Sonnenfinsternissen ist die knapp 2000 km dicke Chromosphäre für wenige Sekunden als rötlich leuchtende Linie zu sehen.

Oberhalb der Chromosphäre liegt die Korona (lat. *corona*, *Krone*). Sie geht ohne scharfe Grenze in den interplanetaren Raum über. Dieser bei jeder totalen Sonnenfinsternis sichtbare Strahlenkranz hat schon vor Jahrtausenden die

Menschen erstaunt. Abhängig von der Sonnenaktivität und der Belichtungszeit bei Photographie erstreckt er sich über ein bis zwei Sonnenradien. In der Korona ist der Einfluss des Gasdrucks auf die Bewegung der Materie vernachlässigbar, hingegen regieren dort die Magnetfelder und die Gravitation. Die Spektrallinien der Korona stammen von hochionisiertem Eisen mit nur noch ganz wenigen Elektronen, entsprechend Temperaturen von über 10^6 K, dem Zweihundert- bis Fünfhundertfachen der Photosphärentemperatur.

Die Bewegung der bereits im Altertum bekannten *Sonnenflecken* zeigte damals schon, dass die Sonne keine Scheibe sein kann, sondern eine rotierende Kugel sein muss. Die Flecken wandern randnah scheinbar langsamer, natürlich mit perspektivisch verkürzter Form. Langlebige Flecken tauchen nach zwei Wochen am Ostrand wieder auf. Um 1860 entdeckte Richard Christopher Carrington, dass äquatornahe Flecken sich schneller bewegen als solche in höheren Breiten. Die Sonne gibt rechtsläufig die Hauptrotationsrichtung im Sonnensystem vor.

Die Rotationsparameter der Sonnenoberfläche können über die Verschiebung von Spektrallinien durch den Doppler-Effekt bestimmt werden. Anfang der 1990er Jahre ergaben Helio-seismische Messungen, dass die Strahlungszone gleichförmig mit einer Periode von knapp 27 Tagen rotiert. Die Sonnenflecken bewegen sich schneller als die Oberfläche der Sonne nach Westen. Das entspricht der Vorstellung, dass die Magnetfelder, welche die Flecken hervorrufen, unterhalb der Oberfläche verankert sind und tiefere Schichten aufgrund der Drehimpulserhaltung schneller rotieren. Der dazu nötige radiale Impulstransport kommt durch eine heftige, isotrope Konvektion im oberen Teil der Konvektionszone zustande. Diese Zone erstreckt sich bis zu einer Tiefe von etwa 4 % des Sonnenradius. Die differentiellen Erscheinungsbilder in den Übergangsbereichen sind theoretisch noch nicht erfassbar. Die hohe elektrische Leitfähigkeit des Plasmas im Sonneninnern entspricht der von Kupfer bei Zimmertemperatur und bedingt eine starke Kopplung des Magnetfelds an die Materie.

Sie wird alle 11 Jahre durch eine Umpolung abgebaut: in diesem Rhythmus (*Schwabe-Zyklus*) schwankt auch die sogenannte *Aktivität der Sonne*. Bei hoher magnetischer Spannung bricht das Magnetfeld aus der Sonne aus und bildet Bögen in der Korona. Mitgerissenes Material wird in der Emission als *Protuberanz* sichtbar: vor der hellen Scheibe erscheinen diese Bögen im sichtbaren Licht als dunkle Filamente. Lokale Magnetfelder sind also die Ursache für die von Sonnenflecken ausgehenden koronalen Masseauswürfe. In den Protuberanzen ist die Feldstärke aufgrund der geringen Dichte nur selten messbar, doch ist sie größer als bisher gedacht. Die Feldstärke im Umfeld der Sonnenflecken ist mit bis zu 0,4 Tesla (4000 Gauß) zehntausendmal stärker als das irdische Magnetfeld an der Erdoberfläche.

Bei hoher Dichte führt das Material das Magnetfeld. Bei geringer Dichte ist es umgekehrt. In der Konvektionszone lässt die differentielle Rotation die Feldlinien nicht mehr in N-S-Richtung, sondern aufgewickelt in O-W-Richtung verlaufen, wodurch die magnetische Spannung stark erhöht wird.

Das großräumige Magnetfeld der ruhigen Sonne lässt sich nur grob durch ein Dipolfeld beschreiben. Es ist mit einem in der Sonne zirkulierenden elektrischen Strom in der Größenordnung von 10^{12} Ampere verbunden. Auf der Sonnenoberfläche ist die Feldstärke dieses Dipolfeldes mit rund 100 µT (1 Gauß) nur etwa doppelt so stark wie das Magnetfeld der Erde auf der Erdoberfläche. Dieser Mittelwert ist für eine differentielle Beschreibung irgendwelcher Vorgänge ungeeignet.

Die starke Konvektion nahe der Sonnenoberfläche verursacht Druckschwankungen. Deren Frequenzen liegen zwischen 2 bis 7 mHz. Sie sind konform mit der typischen Lebensdauer der Granulation von fünf Minuten und haben damit einen Einfluss auf das temporäre Verhalten der Sonne.

Die Druckschwankungen laufen als Schallwellen in den Korpus der Sonne und werden, durch die mit der Temperatur zunehmende Schallgeschwindigkeit und den Dichtesprung an der Oberfläche totalreflektiert.

Derart laufen die Schallwellen mehrfach um die Sonne herum und überlagern sich dabei zu stehenden Wellen mit einer nach dem Schwingungsmuster charakteristischen Frequenz. Mit spektroskopischen Methoden kann man die Schwingungen sichtbar machen: sie bewegen die Photosphäre langsam auf und ab. Aufgrund des Doppler-Effekts verschieben sich mit den in Beobachtungsrichtung liegenden Komponenten der Geschwindigkeit auch die Absorptionslinien des Sonnenspektrums. Die Geschwindigkeitsamplituden der Schwingungen liegen bei maximal einigen Metern pro Sekunde, was aufgrund der starken Doppler-Verbreiterung der Spektrallinien nicht leicht nachzuweisen ist. Durch Mittelung der Messergebnisse über viele Monate gelang es, zahlreiche Schwingungsmoden zu identifizieren und ihre Frequenzen bis auf µHz-Bruchteile genau zu bestimmen. Die Eigenschaften der Moden sind abhängig von der Schallgeschwindigkeit in verschiedenen Tiefen, womit diese dort bestimmt werden kann.

Aus dem Weltraum betrachtet erscheint die Sonne weiß. Ihre gewohnte gelbe Farbe erklärt sich durch den Einfluss der Erdatmosphäre: kurzwelliges (blaues) Licht wird an den Luftmolekülen (Stickstoff, Sauerstoff, Edelgase, Kohlenstoffdioxid) stärker gestreut als langwelliges (rotes) Licht. Somit strahlt der Himmel diffus blau. Sonnenstrahlen, die direkt auf die Erdoberfläche auftreffen, erscheinen gelb.

Je länger der Weg ist, den die Sonnenstrahlen auf ihrem Weg durch die Atmosphäre zurücklegen, umso mehr blaues Licht wird herausgestreut, daher erscheint die tiefstehende Sonne rötlich. Lediglich bei dunstigem Himmel, kurz nach Sonnenaufgang oder kurz vor Sonnenuntergang kann die Sonne mit freiem Auge betrachtet werden. Die Erdatmosphäre absorbiert dann den größten Teil des Lichts, insbesondere die UV-Strahlung. Allerdings verringert die Atmosphäre in Horizontnähe die Abbildungsqualität und bewirkt als Folge der Lichtbrechung auch eine vertikale Stauchung des Sonnenbildes. Dass die *untergehende Sonne in Horizontnähe* größer aussieht als hoch am Himmel ist nicht wie oft vermutet eine Folge der Refraktion an den Luftschichten, sondern eine optische Täuschung, die von der Wahrnehmungspsychologie unter dem Begriff *Mondtäuschung* untersucht und erklärt wird.

Mit Teleskopen werden die Aktivitäten der Sonne in Form von *Protuberanzen* und Sonnenflecken sichtbar; auch Ausbrüche, sogenannte *Flares*.

Die Sonnenscheibe hat, abhängig von der aktuellen Entfernung, von der Erde betrachtet einen Durchmesser von etwa 32 Bogenminuten. Im Perihel erscheint die Sonnenscheibe natürlich am größten, im Aphel am kleinsten. Der scheinbare Größenunterschied ihres Durchmessers zwischen Aphel und Perihel beträgt etwas mehr als drei Prozent.

Man kann das Okularbild eines Teleskops oder Fernglases auf eine weiße Fläche projizieren und diese Abbildung der Sonne gefahrlos betrachten. Eine direkte Beobachtung, mit oder ohne Fernrohr, ist nur mit Hilfe spezieller Sonnenfilter möglich, also mit Folien oder mit beschichteten Gläsern vor dem Auge bzw. vor dem Objektiv.

Bei allen diesen Beobachtungsverfahren wird das Spektrum des Sonnenlichts gedämpft, die Sonne wird im *Weißlicht* beobachtet. Dabei werden Sonnenflecken, Flares und die Granulation sichtbar.

Um Protuberanzen zu beobachten bedarf es besonderer Bauteile der Teleskope. Bei einem Protuberanzenansatz wird die Sonne mittels eines Scheibchens abgedeckt und damit eine künstliche totale Sonnenfinsternis erzeugt. Die am

Sonnenrand aufsteigenden Protuberanzen werden durch einen sogenannten H-alpha-Filter beobachtet, einem besonders schmalbandigen Interferenzfilter, der nur das tiefrote Licht des angeregten Wasserstoffes durchlässt. Sogenannte H_α-Teleskope ermöglichen die Beobachtung der gesamten Sonnenoberfläche in diesem Spektralbereich. Damit können auch mit preisgünstigen Amateurteleskopen Protuberanzen, Filamente, Flecken und Flares beobachtet werden.

Da die Helligkeit der Sonnenkorona etwa eine Million Mal geringer ist als jene der Photosphäre, muss das überstrahlende Sonnenlicht ausgeblendet werden. Dies ist bei der totalen Sonnenfinsternis der Fall oder es erfolgt durch eine Kegelblende und spezielle Filter (*Koronografen*), wodurch eine Art künstlicher Sonnenfinsternis entsteht.

Das Sonnensystem war vor 4,6 Milliarden Jahren durch den gravitativen Kollaps einer interstellaren Gaswolke entstanden, möglicherweise in einem offenen Sternhaufen zusammen mit vielen anderen Sternen. Heute sind die einzelnen Mitglieder über die ganze Milchstraße verstreut. 2014 wurde mit HD 162826 ein Stern gefunden, welcher der Sonne chemisch sehr ähnlich ist und somit ein sogenannter *solar sibling* aus demselben Sternhaufen sein könnte. Die Kontraktion der Kernzone der frühen Sonne endete nach einigen zehn Millionen Jahren durch Beginn der Kernfusion.

Die anschließende Entwicklungsgeschichte der Sonne wird über ihren jetzigen Zustand (*Gelber Zwerg*) zu dem eines *Roten Riesen* und schließlich über eine instabile Endphase im Alter von etwa 12,5 Milliarden Jahren zu einem *Weißen Zwerg* führen, der von einem planetarischen Nebel umgeben sein wird. Dieser Ablauf lässt sich anhand der Gesetze der Physik und der Kenntnis kernphysikalischer Prozesse, wie man sie aus den Ergebnissen von Laborexperimenten und quantenmechanischer Theorien erhalten hat, mit Computermodellen voraussagen. Der Massenanteil des Wasserstoffs in der Konvektionszone wird sich um einige Prozentpunkte erhöhen, indem er an der Untergrenze der Konvektionszone durch die langsam absinkenden schwereren Elemente nach oben diffundieren wird. In diesem Stadium wird die Sonne elf Milliarden Jahre verharren. Dabei wird ihre Leuchtkraft auf das Dreifache ansteigen.

Nach 0,9 Milliarden Jahren ab jetzt – die Sonne wird dann also 5,5 Milliarden Jahre alt sein –, wird die von ihr auf der Erdoberfläche erzeugte mittlere Temperatur den für höhere Lebewesen kritischen Wert von 30 °C überschreiten.

Eine weitere Milliarde Jahre später werden 100 °C erreicht sein.

Im Alter von 9,4 Milliarden Jahren wird der Wasserstoff im Sonnenzentrum versiegt sein und die Fusionszone wird sich in einen schalenförmigen Bereich um das Zentrum verlagert haben, der sich im Laufe der Zeit weiter nach außen bewegen wird. Dieser Vorgang wird vorerst noch nicht zu einer Veränderung der äußerlich wahrnehmbaren Sonnenparameter geführt haben.

Dann aber wird die nunmehr uralte Sonne demonstrieren, welches ungeheure Potential noch in ihr steckt, und nicht erst jetzt, denn woher sollte sie die Energie für das schöpfen, was noch kommen wird. Daran sollten wir denken, wenn wir meinen, wir müssten unerklärliche Erscheinungsbilder von Temperaturverläufen auf unserer Erde mit diffusen Wechselwirkungen von Spurengasen zu erklären versuchen, weil wir der alten Dame nichts mehr zuzutrauen vermögen.

Im hohen Alter von 11 bis 11,7 Milliarden Jahren wird sich die ausgebrannte Kernzone aus Helium verdichten. Durch den damit einhergehenden Temperaturanstieg wird der Energieumsatz in der Wasserstoffschale ansteigen. Der Sonnenradius wird sich auf das mehr als Zweifache erhöhen, die Sonne wird rötlicher werden und sich von der Hauptreihe im Hertzsprung-Russell-Diagramm zu entfernen beginnen. Bis zu diesem Zeitpunkt wird der gesamte Verlust an Masse durch den Sonnenwind noch weniger als ein Promille betragen haben.

Bei einem Sonnenalter zwischen 11,7 und 12,3 Milliarden Jahren wird ein dramatisch beschleunigter Anstieg von Leuchtkraft und Radius einsetzen. Die Oberflächentemperatur wird abnehmen und sich das Strahlungsspektrum zum roten Bereich verschieben. In der Endphase dieser Entwicklung wird die Leuchtkraft auf das mehr als Zweitausendfache steigen, sich der Radius um das mehr als Hundertsechzigfache aufblähen.

Der Sonnenkörper wird die Umlaufbahn von Merkur erreichen, dann jene der Venus, und beide werden verschwinden.

Von der Erde aus gesehen wird die Sonne nun einen großen Teil des Himmels einnehmen. Eine schaurige Vorstellung.

Die Erdkruste wird zu einem Lava-Ozean aufschmelzen.

Infolge der geringen Gravitation an ihrer Oberfläche wird die Sonne in dieser Phase durch den Sonnenwind mehr als ein Viertel ihrer Masse verlieren. Ein beträchtlicher Anteil davon wird als interstellares Gas in den Weltraum entschwinden. Durch den Masseverlust wird ihre Gravitationswirkung auf alle Planeten nach und nach abnehmen. Das Planetensystem wird sich ausdehnen, die Bahnradien werden um mehr als ⅓ zunehmen.

In der Kernzone der Sonne wird die Fusionen erlöschen, es wird keine Energie mehr frei werden, der Stern wird der Gravitationswirkung nachgeben und kontrahieren, bis seine Dichte auf die Größenordnung 10^6 g/cm^3 angestiegen sein wird. Das 10.000-fache des heutigen Wertes. Damit wird die Temperatur auf unfassbare 10^8 K angestiegen sein.

Bei dieser Temperatur wird die Fusion von Helium zu Kohlenstoff einsetzen. Aufgrund der extremen Dichte im Zentrum und der damit verbundenen Neutrino-Kühlung wird die Fusionsreaktion zunächst nur innerhalb der heißen kugelschalenförmigen Zone um das Zentrum zünden.

Nach klassischer physikalischer Betrachtung wird die dabei frei werdende Energie zu einer Expansion des Kerns führen und die Temperatur stabilisieren. Doch wird sich die Kernzone mittlerweile in einem quantenmechanischen Entartungszustand befinden, der zur Auflösung seiner Entartung die gesamte Energie investieren muss.

Zunächst wird kein stabiler Zustand möglich sein und es wird sich die Heliumfusion in Form einer gewaltigen Explosion manifestieren: dem sogenannten *helium flash*.

Für wenige Sekunden wird die Sonnenleistung in einem unbeschreiblichen Blitz auf das 10^{10}-fache ansteigen, etwa 10 % der Leuchtkraft der gesamten Milchstraße.

Nach dem Umsatz von 3 % des Heliumreservoirs wird eine gewaltige Expansion die Leistungsexkursion stoppen. Die Explosion wird nur im Zentralbereich stattfinden und zunächst nicht nach außen in Erscheinung treten, da aber die Wasserstoff-Fusionszone weiter nach außen dringen wird, wird der Stern abkühlen und der Energieumsatz entsprechend sinken. Als äußere Folge des Helium-Blitzes wird die Leuchtkraft innerhalb der nächsten 10.000 Jahre sukzessive um den Faktor 100 sinken.

Es wird eine Phase von einer Million Jahre folgen, in der die Sonnenparameter oszillieren werden, bis im Zentrum ein stabiler Zustand der Heliumfusion erreicht ist. Dieser wird über 100 Millionen Jahre anhalten.

Nachfolgend wird die schalenförmige Wasserstoff-Fusionszone weiter nach außen wandern. In dieser Zeit werden die Leuchtkraft des Sterns beim

Vierzigfachen und der Radius beim Zehnfachen der heutigen Werte nahezu konstant bleiben.

[https://de.wikipedia.org › wiki › Sonne]

Nach dem Verbrauch des Heliums im Sonnenzentrum wird eine Phase des Heliumschalen-Brennens beginnen, die 20 Millionen Jahre anhalten wird. Im Zentrum zweier ineinander geschachtelter schalenförmiger Fusionszonen wird sich Kohlenstoff sammeln und gravitativ kontrahieren, was zu einem erneuten und enormen Anstieg der Leuchtkraft auf das Zweitausendfache des heutigen Wertes führen und den Radius auf das Hundertdreissigfache ansteigen lassen wird.

Zu diesem Zeitpunkt wird die Sonne bereits einen Massenanteil von zehn Prozent verloren haben. In der letzten halben Million Jahre dieser Phase werden durch Heliumfusionsvorgänge Leistungsexkursionen mit millionenfacher Leuchtkraft auftreten. In Abständen von 100.000 Jahren auch gewaltige Helium-Blitze. Leuchtkraft und Radius der Sonne werden um Faktoren von 5 bis 10 schwanken, in Phasen maximaler Ausdehnung wird die Sonnenoberfläche an die heutige Erdbahn heranreichen.

Nur mit erheblicher Dehnung ihres Bahndurchmessers kann sich die Erde noch eine Zeit lang ihrer völligen Vernichtung entziehen.

Die Sonne wird nochmals 5 % ihrer Masse verloren haben und damit die gesamte äußere Hülle, einschließlich der Wasserstoff- und Heliumfusionszone.

Etwa 100.000 Jahre nach dem letzten Helium-Blitz wird der innere Kern frei liegen. Aus hochverdichtetem Kohlenstoff und Sauerstoff bestehend wird sein Radius zwar nur noch 8 % des heutigen Wertes betragen, seine Oberflächentemperatur aber 100.000 K. Seine Leuchtkraft anfänglich mehr als das Dreitausendfache des ursprünglichen Wertes. Die Strahlung wird aufgrund der hohen Temperatur überdies aus einem beträchtlichen Ultraviolett-Anteil bestehen, so dass die abgestoßene Gaswolke entsprechend leuchten wird.

Die Geschwindigkeit des Sonnenwindes wird nun ständig zunehmen. Die früher ausgestoßenen Gase werden von den nachfolgenden eingeholt und zu kugelförmigen Gasschalen komprimiert werden, um später für einen Außenbeobachter als ringförmige planetare Nebel zu erscheinen.

Diese Erscheinung wird nach einigen 10.000 Jahren erlöschen, zumal sich die Gase verflüchtigt haben werden, so dass im Zentrum der strahlende Rest des Sterns als *Weißer Zwerg* von der Größe der Erde zurückbleiben wird. Mit der

Dichte von einer Tonne pro Kubikzentimeter und mit insgesamt der halben Masse der heutigen Sonne.

Dieser Stern wird keine interne Energiequelle mehr haben, daher wird er durch Abstrahlung erheblich an Wärme verlieren. Zunächst wird seine Leuchtkraft noch so groß sein, dass dieses Stadium rasch vorübergehen und die Oberflächentemperatur auf so kleine Werte sinken wird, dass die geringe Leuchtkraft über mehrere Dutzend Milliarden Jahre anhalten kann, bevor der nunmehr *Schwarze Zwerg* zumindest im optischen Spektralbereich gänzlich erloschen sein wird.

Derzeit durchwandert unsere Sonne noch ein etwa 30 Lichtjahre großes Gebiet: die *Lokale Interstellare Wolke*. Dort befinden sich als benachbarte Sterne *Altair*, *Wega*, *Arktur*, *Fomalhaut* und *Alpha Centauri*.

Noch ist dieses Gebiet eingebettet in eine weitgehend staubfreie Region mit geringer Teilchendichte: die *Lokale Blase*. Sie hat die Richtung der *Galaktischen Ebene*, einem Koordinatensystem zur Orientierung im Milchstraßensystem, mit einer Ausdehnung von mindestens 300 Lichtjahren, das sich nahe am inneren Rand des Orion-Arms der Milchstraße befindet.

Bis zum benachbarten Perseus-Arm werden es dann noch etwa 6500 Lichtjahre sein, zum Zentrum der Galaxis etwa 28.000 Lichtjahre. Ein Umlauf mit etwa 250 km/s wird deshalb 210 Millionen Jahre dauern: das sogenannte *Galaktische Jahr*. Die Sonne wird dabei den *Gouldschen Gürtel* durchmessen, eine großräumige Anordnung von Sternen, die jünger sind als sie. Und irgendwo da drinnen, das sollten wir nicht vergessen, werden wir uns einmal befunden haben.

Sie fragen sich, wozu ich Ihnen das alles erzählt habe: mit diesem Wissen über unsere Sonne sollten Sie die abstrusen Tüll-Tuch-Handlungen zur Rettung der Atmosphäre noch einmal sorgfältig überdenken und wenn Sie an denen nichts auszusetzen haben, dann ist Ihnen ohnedies nicht mehr zu helfen.

2   Die Atmosphäre ist der Moderator

Die Erdatmosphäre wirkt unter anderem wie eine Bettdecke, die verhindert, dass die Erde auskühlt. Das bewirkten hauptsächlich die Wolken. Einige Prozente kriegen wir von Spurengasen, die sich in mehreren Kilometern Höhe über uns herumtreiben. Dafür sorgen Konvektionsprozesse in allen Raumrichtungen.

 Einerseits ist an der Mächtigkeit der Sonne nicht zu zweifeln, andererseits kann man mit ihr kaum Geld verdienen. Vielleicht etwas mit Sonnenkollektoren, dort aber eher mit Subventionen. Diese Subventionen müssen anderweitig verdient werden, beispielsweise mit dem Verkauf von Autos oder Bio-Gemüse.

Eher schon kann man Geld verdienen mit dem geruchlosen und inerten Spurengas CO2, das man nicht sieht und nicht riecht, es nicht giftig ist, ihm aber unberechtigterweise das Adjektiv *klimaschädlich* anhängt. Leuten, die eine solche Eigenschaft aushecken, gebührt der Wirtschafts-Nobelpreis, denn sie haben ein Geschäftsmodell erfunden, mit dem man gewaltige Industriezweige in Lohn und Brot bringen kann. Konkret geht das Ganze mit dem Kohlendioxid in der Atmosphäre, obwohl seine Wirkung dort vernachlässigbar ist.

Die Sonne hingegen tut das, was sie schon immer getan hat: nämlich strahlen, und es ist evident, dass wir darauf keinen Einfluss haben. Daher meinen wir, uns nicht mehr mit ihr beschäftigen zu müssen und gehen folglich auf die Suche nach irgendwelchen anderen Einflussfaktoren, die uns hinreichend erscheinen, um sie argumentativ für unsere Zwecke gebrauchen zu können. Was immer sie sein mögen.

Wir schieben also die Sonne mit dem Argument beiseite, ihr Einfluss auf das Klima, dem wir uns derzeit geradezu hysterisch widmen, sei marginal. Begründungen dafür fehlen, doch spielt das keine Rolle, da sich niemand darüber beschwert.

Wie ist das eigentlich mit den Strahlen, die die Sonne aussendet: sind sie nützlich, gesund oder gar gefährlich? Eigentlich ist diese Frage nicht sinnvoll, denn wir könnten nichts dagegen unternehmen. Unsere Hilflosigkeit braucht nicht weiter diskutiert zu werden. Wir werden stattdessen die Reaktion verschiedener Arten von Strahlung mit der Erde erörtern.

In unserer Atmosphäre sind wir vor Strahlung geschützt, nicht aber im freien Weltraum. Auf Raumfahrer ist die Wirkung eine andere, insbesondere wenn die Menschen auf langen Reisen durch das All fahren werden. Zum Beispiel zum Mars. Dabei werden sie sich ohne den gewohnten Schutz durch die Atmosphäre längere Zeit im freien Weltraum aufhalten müssen.

Im täglichen Leben ist die Atmosphäre der Moderator in unserer Lebensumgebung. Sie mildert den Einfluss der Sonne derart, dass wir unsere menschliche Lebenszeit hindurch ohne zusätzlichen Schutz gefahrlos verbringen können, wenn wir unsere Kleidung und unsere Behausung als vorhanden voraussetzen.

Häufig aber setzen wir uns bewusst und ohne Not dem Strahlungseinfluss der Sonne aus. Das tun wir freiwillig und gerne im Urlaub, obwohl wir ständig hören wie gefährlich Strahlung ist und wir auch selbst betonen, dass wir das wüssten. Bei Strahlenunfällen allerdings, über welche die Presse gelegentlich berichtet, sind wir gerne als Mahner für alle präsent. Wir zeigen auf andere und gehen mit schlechtem Beispiel voran.

Einerseits sorgen wir uns über den Zustand der Ozonschicht, haben Angst, dass uns Strahlung durch das Loch in der Schicht häufiger als bisher an Hautkrebs erkranken lässt, wir sorgen uns in ähnlicher Weise um die Wirkung des Kohlendioxids, um seine Zunahme und die damit induzierte Erwärmung der Atmosphäre und dem Anstieg des Meeresspiegels. Effekte also, die wir der Änderung der CO_2-Konzentration in der Atmosphäre zuschreiben, aber nichts davon hinterfragen wir kritisch und schon gar nicht sachkundig. Alles das sind Vermutungen, die wir mit Scheinbeweisen stützen. Fachleute, die diese Beweise anzweifeln werden nicht gehört und sogar diskreditiert.

Andererseits fahren wir im Urlaub in den Süden, nach Afrika, nach Südeuropa, in die Südsee, also überall dort hin, wo es wärmer ist als in Deutschland, dessen Temperaturentwicklung wir durch wissenschaftlich unhaltbare und irrwitzige Ansätze wie die *Klimaneutralität* bekämpfen möchten.

Wir fahren also dahin, wo die Strahlung deutlich intensiver ist als bei uns. Wir legen uns dort stundenlang in die Sonne und fühlen uns offenbar auch gut, weil wir braun werden und das angenehm und chic ist.

Obwohl wir die vollständige Bekleidung der Nomaden erkennen, die mit nahezu vollständig bedecktem Kopf in sengender Hitze auf ihren Tieren sitzen, wundern uns keineswegs über das Verhalten kreidebleicher Deutscher, die in derselben Hitze aus seltsamen Antrieben genau das Gegenteil tun. Wir vertrauen hier blind auf den Schutz der Atmosphäre, auch wenn wir sie nicht bewusst wahrnehmen. So wissen wir auch nur wenig über die ultraviolette Strahlung, überdies scheint es uns ziemlich egal zu sein, was mit unserer Haut passiert.

Tatsächlich ist es wie so oft auch hier wieder die Dosis, die etwas positiv unterstützt, heilt, zum Beispiel angehende Erkältungen oder Infektionen oder etwas ruiniert. Vielleicht sogar durch Hautkrebs. Winzige Strahlendosen, die wir permanent kassieren, beobachten wir hysterisch, obwohl sie keine Schädigung verursachen. Sie sind sogar für unser Überleben erforderlich, auch wenn in letzter Zeit immer häufiger das krasse Gegenteil behauptet wird. Wenn man nun behauptet, dass das Unsinn sei, so wird sich die Wahrheit selten vor unserem Tod herausstellen.

Wir vertrauen jedenfalls auf die positive Wirkung unserer Atmosphäre. Wir vertrauen vor allem auf die Qualität unserer Luft, ihre Feuchte, den Wind, den Sauerstoff, obwohl wir die genaue Zusammensetzung nicht kennen, sie uns gar nicht so sehr interessiert. Jedenfalls kennen wir nicht ihre Wirkungen.

Und nun haben wir plötzlich panische Angst vor diesem Gas: CO_2. Winzige Spuren davon sind in unserer Luft enthalten. Es wird uns das Gegenteil von dem eingeredet, was wir in der Schule gelernt haben. Nun heißt es plötzlich, es wäre giftig, obwohl wir normales Wasser damit versetzen, weil es dann besser schmeckt und wir dieses Wasser trinken. Mit Genuss, in beliebigen Mengen, ohne dass es uns schadet. Das Gas ist ungiftig, doch erstickt es in höherer Konzentration, weil es die Atemluft verdrängt. Wo und wie also tritt es in gefährlich hoher Konzentration auf? Im Weinkeller beispielsweise! Doch ist die Erde ein Weinkeller? Es wird mit Halbwahrheiten operiert, um das Gas in jenes Licht zu rücken, in dem man es braucht, um damit Geschäfte zu machen.

Wir wissen nicht einmal, wie groß die Konzentration dieses Gases in der Atemluft ist. Wir meinen vielleicht, sie wäre verheerend groß. Vielleicht 50 % oder noch mehr. So denken manche von uns. Wir haben also eigentlich keine richtige Ahnung von diesem Gas, stimmen aber unreflektiert zu, wenn man uns erzählt, dass es die Atmosphäre vergiftet, dass es die Gletscher schmelzen und die Meere verheerend ansteigen lässt. Kaum jemand hat nachgerechnet, wie viel Eis schmelzen muss, damit die Ozeane um 5 cm ansteigen und wie lange das dauert. Und so glauben die Leute, dass wohl sehr bald viele jener Inseln versinken würden, auf deren Stränden wir mit unseren Kindern noch vor kurzem gespielt haben. Und so müssen diese Kinder statt in die Schule auf die Straße gehen, um diese Inseln zu retten. Um gegen die mutwillige und sinnlose

Vernichtung unserer Umwelt demonstrieren, bevor es zu spät sei, sonst würden ihre Träume ruiniert und ihre Phantasie. So sagt die Lehre einer neuen Religion.

Kann das alles wahr sein? Wir müssen uns der Sache einmal kritisch nähern, um Fiktion und Wahrheit zu trennen bevor diese seltsame Hysterie alles vereinnahmt.

Wenn wir gefragt werden, wie groß die Konzentration von CO_2 in unserer Luft ist, über das in der letzten Zeit gesprochen wird, dann raten wir herum, zitieren Zeitungsberichte. Selbst Fachleute verschiedener Disziplinen tun dies und solche, die sich als Fachleute ausgeben oder solche, die wir bisher für Fachleute gehalten haben, und dabei stellt sich heraus, dass auch sie ahnungslos sind.

Weit kann es ohnedies nicht her sein mit unserer Sorge um das Klima, zumal doch gerade Politiker, die soeben noch in großen Diskussionen schwelgten, wie sehr sie sich für den Klimaschutz verantwortlich fühlten, zum selben Zeitpunkt auf identischen Routen in verschiedenen riesigen Flugzeugen vom selben Ort in Deutschland zum selben Ort über den Atlantik fliegen. Ein CO_2-Hohn, geschehen am 22.09.2019: die deutsche Bundeskanzlerin Dr. Merkel und die deutsche Verteidigungsministerin Kramp-Karrenbauer geben in der Art einer Begründung wie selbstverständlich an, dass ihre beider Reisen ,eben so geplant gewesen wären und die Kosten für anderes woanders überdies viel höher seien'.

Was soll das soeben ökologisch ausgerichtete Volk von solch merkwürdiger Haltung denken.

Kehren wir zurück zur Physik der Erdatmosphäre.

[Wilhelm H. Westphal : Physik. Sprache: Deutsch ISBN-10: 9783141008005 ISBN-13: 978-3141008005 Springer-Verlag Heidelberg. New York 1970, 238 ff]

Die Zustände auf der Erdoberfläche, also das *Wetter* und das für die Menschen bedeutsame *Klima* werden natürlich durch die Strahlung und den magnetischen Einfluss der Sonne, durch die Sonnen-Erde-Distanz, durch den Winkel der Erdachse und damit durch die Geometrie der Erdbahn, die Schwankungen dieser Parameter und last not least durch die vielfältigen Vorgänge in der Erdatmosphäre beeinflusst.

So ändert sich mit dem periodischen Wechsel von Tag und Nacht und mit der jahreszeitlichen Änderung des Einstrahlwinkels der Sonne auf die Erdoberfläche spezifisch und permanent auf jedem Gebiet der Erde und abhängig von der geographischen Breite (bei uns steil im Sommer, flach im Winter) die Intensität der Sonneneinstrahlung.

Wir leben in der untersten Schicht der Erdatmosphäre: in der *Troposphäre*. Sie reicht vom Erdboden bis zum unteren Rand der Stratosphäre. An den Polen beträgt die Dicke dieser Schicht etwa 8 Kilometer, am Äquator sind es 18 Kilometer. Durch die ständig wechselnde Sonneneinstrahlung (bei den *Tag-Nacht-Zyklen* kurzzeitig, bei den *Jahreszeiten* langzeitlich) finden in diesen unteren Schichten der Atmosphäre permanent thermische Ausgleichsvorgänge statt. Sie äußern sich in horizontalen und vertikalen Luftbewegungen, den *Winden*, und sie erreichen in Gewittern, Orkanen und Wirbelstürmen vorübergehende Höhepunkte, die durchaus katastrophalen Charakter haben können.

Die Ursachen solcher Störungen sind zeitliche und örtliche Temperaturgradienten, die beim Tag-Nacht-Wechsel entstehen, über Festländern, über den Meeren, in hohen Breiten (weit nördlich bzw. südlich) und natürlich auch in niederen Breiten (in Äquatornähe).

Die Atmosphäre befindet sich also in keinem wie immer gearteten Gleichgewicht, auch wenn solches oft behauptet wird. Dennoch wird neuerdings immer wieder von der Störung eines Gleichgewichts der Atmosphäre durch menschliche Einflüsse gesprochen, die man verhindern müsse. Das ist atmosphärenphysikalisch absurd. Wir Menschen haben keinen Einfluss auf diese Geschehnisse, auch wenn in letzter Zeit immer wieder so getan wird.

Sobald aber die Inexistenz eines Gleichgewichts geleugnet wird, kommt die Diskussion in Schieflage. Doch es kann kein Gleichgewicht geben, denn die Luft ist in dauernder Bewegung: Sie strömt – horizontal von Gebieten höheren Luftdrucks in Gebiete niedrigeren Luftdrucks; bei Erwärmung steigt sie über dem Festland auf; bei Abkühlung sinkt sie ab. Nur diese ständigen Veränderungen wiederholen sich. Man kann das als eine Art von Gleichgewicht bezeichnen.

In mittleren und hohen Breiten haben solche Bewegungen weitgehend unregelmäßigen und durch zahllose niemals hinreichend genau erfassbare Einflüsse nur bedingten Charakter, was wir als *Zufall* bezeichnen müssen.

Wahr ist jedoch, dass wir – wenn wir die Komplexität einer Situation nicht hinreichend genau beschreiben können, um sie begreifen zu können und sie deshalb schon gar nicht zwingend in Modelle fassen können – wie in der Quantenmechanik in die Statistik flüchten.

Eine logische Ausprägung der Statistik ist eine faire Auswahl aus der *Grundgesamtheit*: eine *Stichprobe* aus der gesamten Menge. Das typische

Beispiel ist eine Wahl als Grundlage einer demokratischen Entscheidung durch Mehrheitsbildung.

Bei der Wahl eines Mehrheitsvertreters bestimmen viele tausend Wähler durch Aus-Wahl aus einer Mehrzahl von Personen, wer ihrer Ansicht nach der Beste, der Richtige für ein Amt wäre. Da man die Qualität eines Vertreters nicht messen kann, bestimmt man ihn durch eine Wahl unter dem Motto: *Die Mehrheit kann sich nicht irren.*

Eine bessere Methode ist bisher nicht gefunden worden.

In der allgemeinen Klima-Diskussion sucht man durch Umfrage die meisten Einflussmöglichkeiten auf das Klima zu finden. Auch hier hat man ein pseudowissenschaftliches Auswahlkriterium festgelegt: *Die Mehrheit.* Sie irrt nicht.

Bis auf weiteres blieb das auch der bevorzugte Vorgang zur Auswahl eines Urgrunds für eine Klimakatastrophe. Ein physikalisch beweisbarer Grund wurde bis heute nicht gefunden, obwohl man den Eindruck hat, man suche intensiv nach ihm.

Schon in ferner Vergangenheit wurde nach jenem Vorgang gefragt, der die fehlenden ΔT = 33 K (= 33 °C) hervorzauberte. Das ist jene Temperatur-differenz, um die die Erde kälter sein sollte, wäre sie nicht durch etwas vom kalten Weltall abgeschirmt und dadurch vor Abkühlung geschützt. Also durch Wolken oder durch ein Spurengas. Die Idee, es könnte auch die Sonne gewesen sein, die wesentlich dazu beigetragen hat, die Auskühlung zu verhindern, hat man bisher verworfen. Auch die innere Energie der Erde, beispielsweise durch den Zerfall von U238.

Das Ergebnis der Auswahl des Spurengases führte über eine Erkenntnis aus dem 18. Jahrhundert, durch *Fourier*, der meinte, in großer Höhe über der Erdoberfläche würde eine Schicht von CO_2 das Wetter auf der Erde bestimmen und damit ihr Klima. Ohne dieses Gas würde es auf der Erde um dreissig Grad kälter. Fourier hatte den Wert zwar richtig geschätzt, konnte seine Hypothese jedoch zeit seines Lebens nicht beweisen.

Auch ein Svante Arrhenius war dazu nicht imstande. Mehr als hundert Jahre nach Fourier hatte der Schwede dessen Idee übernommen und war damit bis heute ebenso erfolgreich geblieben, obwohl auch er den Beweis schuldig geblieben war.

Vor Jahren bereits hatte sich messtechnisch herausgestellt, dass die Oszillatorwirkung des CO2 und damit die Aufnahme der Energie der Gegenstrahlung von der Erdoberfläche ab einer Konzentration von etwa 300 ppm aufwärts im Wellenlängenbereich um die 15 µm gesättigt war, also die Wirkung der Energiespeicherung durch CO2 nicht mehr zunahm, nicht mehr zunehmen konnte, auch wenn man die Konzentration weiter erhöhte, weil sich die Photonen der Gegenstrahlung in dieser Frequenzbande durchschlichen, und dass zudem durch diese Frequenzbande auch jene Lichtteilchen in die Stratosphäre entwichen, die sich durch die Erwärmung der Erdoberfläche mittels CO2 spektral hochgearbeitet hatten – zynischerweise gerade eben durch den Konzentrationsanstieg dieses Gases, so dass also eine Konzentrationserhöhung von CO2 über etwa 300 ppm hinaus aufgrund dieser komplexen physikalischen Rückkopplung nicht zu einer weiteren Erderwärmung beitragen kann. Damit auch nicht zum Industrie-politisch erwünschen Effekt, welcher in der Folge eine CO2-freie oder zumindest CO2-neutrale Energieversorgung erzwingen soll.

Es konnte gezeigt werden, dass die Erwärmung der Erdoberfläche um die bekannten 33 K weitestgehend den Wolken zuzuschreiben war und nicht dem CO2. Doch zumal Wolken nicht industriell vermarktet werden können, waren sie in der modernen Klimapolitik ins Abseits geraten. Ihre Wirkung wurde einfach, wie jene der Sonne, ignoriert.

Inzwischen haben sich zur Auswahl der wirklichen Ursache einer Klimaerwärmung Fachleute profiliert. Sie werden in der Öffentlichkeit gehört. Beispielsweise zur Veränderung der Eisbedeckung der Erde und ihrer Veränderung. Wer sich eine Meinung darüber machen will, kann eine Rechnung anstellen. Basis sei beispielsweise folgende Webseite:

[https://de.wikipedia.org/wiki/Arktis#/media/Datei:Plot_arctic_sea_ice_volume.svg]. Wie bei anderen Informationsquellen kann auch diese mit weiteren Quellen abgeglichen werden, deren Angaben sich durchaus in Zehnerpotenzen unterscheiden können. Man mag sich darüber Gedanken machen:

A Arktisches Eisvolumen 2020 ca. A = 15.000 km^3; Messfehler 6 %; konservative Annahme: alles Eis liege über der Meeresoberfläche (beim Schmelzen von Eis unter dem Meeresspiegel sinkt dieser, wegen der größeren Dichte von Wasser bei 4 °C). Dann ist die Sache erledigt.

Sonst: E Wasserfläche der Erde = 360.570.000 km^2

A / E = 41,6 mm = Anstieg des Meeresspiegels aller Ozeane; einmalig

Andere Webseiten geben das Tausendfache an. Manche behaupten, die Eismasse der Antarktis verringere sich derzeit. Andere behaupten das Gegenteil. Ein nicht enden wollendes Spiel mit unbekannten Daten unbekannter Quellen. Doch sind auch bekannte Quellen nicht unbedingt zuverlässig.

Die Atmosphäre soll ihre Rolle als Treibhaus behalten, damit das CO_2-Spiel der industriellen Vermarktung weiterlaufen kann, auch wenn gezeigt wird, dass die Erde keinen Treibhauscharakter hat und auch keine ebensolche Wirkung, sondern dass sie im Gegenteil ein offenes dynamisches System ist:

In äquatorialen Gegenden besteht ein ständig aufwärts gerichteter Strom erwärmter Luft. Durch das Aufsteigen dehnt sie sich aus, kühlt dabei ab und es entstehen Cumulus-Wolken, aus denen es stark abregnen kann.

Im Bereich oberhalb der Troposphäre (*Tropopause*) werden die Luftteilchen in Richtung der Pole abgelenkt:

Auf der Nordhalbkugel strömt die erwärmte Luft in höheren Luftschichten nach Norden, kühlt ab und sinkt etwa bei 30° Nord wieder zu Boden. Sie erwärmt sich dabei und trocknet aus. So entstehen die *Subtropen-Hochdruckgebiete.* In Bodennähe strömt die Luft daraufhin zum Äquator zurück und gleicht derart das Druckdefizit aus. Spiegelbildlich dazu erfolgt auf der Südhalbkugel das Gleiche. Somit entstehen auf der Nordhalbkugel und auf der Südhalbkugel gewaltige Kreisströme der Luft.

Da sich die Erde von Westen nach Osten dreht ($\rightarrow$ Sonnenaufgang im Osten, Sonnenuntergang im Westen), unterliegt die sich auf ihr in Bodennähe zum Äquator hin bewegende Luft (im Norden von Nord nach Süd, im Süden spiegelbildlich) der sogenannten *Coriolis-Kraft.* Sie ist eine Trägheitskraft, die einen relativ zu einem rotierenden Bezugssystem bewegten Körper quer zu seiner Bewegungsrichtung ablenkt. *Coriolis-Kräfte* bewirken also auf den Äquator zuströmende Winde. So entsteht durch die Drehung der Erde von Westen nach Osten für die auf der Nordhalbkugel von Norden nach Süden bewegte Luft ein von Nordosten wehender Wind: der *Nordost-Passat*; auf der Südhalbkugel gleichermaßen der *Südost-Passat.* In höheren Breiten, also im Bereich der Wendekreise herrschen westliche Winde vor.

Die beiden Windströmungen treffen am Äquator in der *Innertropischen Konvergenzzone ITC*, der *Äquatorialen Tiefdruckrinne,* aufeinander.

Mit der Anwesenheit von *Wasserdampf* werden die Erscheinungen deutlich komplizierter: infolge der Auf- und Abstiegsbewegungen der Luftmassen laufen permanent adiabate Abkühlungs- und Erwärmungsvorgänge ab. *Adiabate* (auch *Adiabatische*) *Zustandsänderungen* sind thermodynamische Vorgänge, bei denen ein System so schnell von einem Zustand in einen anderen überführt wird, ohne Wärme mit seiner Umgebung austauschen zu können.

Adiabate Abkühlvorgänge führen bei ausreichender Abkühlung zur Sättigung des Wasserdampfs, damit zur Bildung schwebender Tröpfchen oder Eiskristalle, also von Wolken und Nebel und letztendlich zu Niederschlägen.

Solange die über der Oberfläche von Meeren liegende Luft noch nicht mit Wasserdampf gesättigt ist, verdampft Wasser; seine hohe Verdampfungswärme bewirkt eine starke Abkühlung des feuchten Objekts.

Bei Kondensation des Wasserdampfs hingegen wird ein erheblicher Beitrag an Wärme frei, der die Umgebungsluft erwärmt.

Beispiel: Wenn Sie aus dem Schwimmbad steigen, frieren Sie.

Die Temperaturverhältnisse der Atmosphäre werden also entscheidend durch die Veränderung ihres Gehalts an Wasserdampf beeinflusst, einem Grundelement der Wetterdynamik. Offenbar ist die Wetterphysik nicht einig über die Wirkung der verschiedenen Elemente. Insbesondere wenn die Prozesse über lange Zeiträume hinweg ablaufen, vielleicht über viele Jahrzehnte, Jahrhunderte oder gar Jahrtausende. Welche als richtig oder falsch eingeschätzt werden, hängt entscheidend von der Sicht auf das Geschehen ab. So wurden verschiedene Analysen in diversen Diskussionen auf den Prüfstand gestellt. Es gibt immer verschiedene Gründe, warum das eine plausibler erscheint als das andere.

Für uns ist die Sonne der maßgebliche Grund für die Existenz einer funktionierenden Erde und Verursacher vieler Erscheinungsbilder im Planetensystem, also auch jene auf unserer Erde.

Es gibt verschiedene Deutungen des komplexen *Geflechts Atmosphäre*, seiner langzeitlichen Entwicklung und der damit induzierten Temperatur der Erde. Wir dürfen daher nicht erwarten zu einer eindeutigen Aussage zu kommen. Aber es gibt gute Gründe, am wesentlichen Einfluss der Sonne festzuhalten. Dann ergeben sich folgende Schlussfolgerungen:

o   Der Klimawandel der letzten Jahrhunderte ist periodisch
o   Die Erwärmung seit 1870 wurde durch den etwa 210-jährigen De Vries-Zyklus der Sonne hervorgerufen

o   Abkühlung und Erwärmung zwischen 1970 und 1997 beruht auf der 65-jährigen Periode von AMO/PDO

o   Messungen zeigen: Es gibt keinen Anhaltspunkt für eine Erwärmung durch CO2. Alle Änderungen sind natürlich.

[https://schillerinstitute.com/de/media/carl-otto-weiss-le-changement-climatique-est-du-a-des-cycles-naturels/]

[Carl-Otto Weiss: Der Schwindel der globalen Erwärmung; Konferenz Paris Juni 2015; https://www.schiller-institut.de/konferenz-paris-2015/globale-erwaermung.html]

Um das Klima vorhersagen zu können, muss man die komplizierten Wechselwirkungen aller Komponenten des gesamten Klimasystems verstehen. Das ist praktisch unmöglich, denn zu den wichtigsten gehören die Wolken. Sie entstehen und stehen in komplexen Wechselwirkungen mit zahlreichen anderen Prozessen.

[https://wiki.bildungsserver.de/klimawandel/index.php/Wolken_im_Klimasyst em]

Wolken entstehen durch Kondensation aus Wasserdampf. Sie sorgen für den Niederschlag, der in die Flüsse, Seen und Ozeane gelangt. Aus ihnen entsteht durch Verdunstung Wasserdampf und daraus bilden sich wieder Wolken. Ein Vorgang, der den Energiehaushalt der Atmosphäre wesentlich bestimmt: bei Verdunstung von Wasser wird der Atmosphäre Wärme entzogen und diese woanders bei der Kondensation als sogenannte *latente Wärme* wieder freigesetzt.

Wolken beeinflussen den Strahlungshaushalt der Atmosphäre. Sie reflektieren die kurzwellige Sonnenstrahlung, absorbieren und emittieren hingegen langwellige Wärmestrahlung. Wolken sind also ein wichtiger Faktor im Wasserkreislauf der Atmosphäre.

Die Wirkung der Wolken wird allerdings wesentlich durch andere Faktoren beeinflusst. Wenn sich die Luft abkühlt kann das zunächst zur Kondensation von Wasserdampf und zur Entstehung der Wolken führen. Erwärmt sich allerdings die Luft, so werden sich Wolken durch Verdunstung eher wieder auflösen. Dabei spielt das Aufsteigen von Luftmassen - zum Beispiel durch Erwärmung, an Gebirgen oder an Luftmassengrenzen - bei dem sich die Luft abkühlt, und durch das Absinken von Luftmassen, bei dem sich die Luft erwärmt, eine zentrale Rolle.

48

Damit sich aus Wasserdampf Wolkentröpfchen bilden können, braucht es sogenannte *Kondensationskerne*: die *Aerosole*. An ihnen bestehen große Temperaturgradienten, welche die Albedo und die Temperatur der Kerne ändern und damit die Kondensation begünstigen oder sogar auslösen. Befinden sich wenige Aerosole in der Atmosphäre, bilden sich Wolken mit großen Tropfen; bei einer hohen Aerosoldichte solche mit vielen kleinen Tröpfchen.

Windströmungen können Wolken über weite Strecken hinweg von ihrem Entstehungsgebiet entfernen und damit hunderte oder tausende Kilometer vom Ursprungsort des Wolkenwassers entfernt zu Niederschlägen führen.

Da Wolkeneigenschaften und -konfigurationen sich auf kleinstem Raum drastisch und sehr schnell verändern, können sie in Computermodellen nur unzureichend abgebildet werden. Aufgrund ihrer zentralen Bedeutung im Klimasystem gehören sie daher zu den größten Problemen jeder Klimavorhersage.

https://wiki.bildungsserver.de/klimawandel/index.php/Klimamodelle

Ein dem Menschen zugeschriebener Beitrag zum Klimawandel hat ein starkes gesellschaftliches und politisches Interesse an der quantitativen Abschätzung zukünftiger Klimaänderungen ausgelöst.

So möchte die Bevölkerung wissen, ob und um wieviel sich die globale Mitteltemperatur bis zum Ende des 21. Jahrhunderts erhöhen wird. Brauchbare Instrumente zur Prüfung solcher Vermutungen sind hochkomplexe Klimamodelle. Mit ihnen soll es gelingen, wichtige Prozesse in unserem Klimasystem zu verstehen und die Wirkung äußerer Antriebe auf den Ablauf von Klimaszenarien zu berechnen, wie zum Beispiel die Emission von Treibhausgasen.

Wie alle Modelle sind auch Klimamodelle nur vereinfachte Abbildungen der Wirklichkeit. Die Modellierung von Wolkenprozessen mit dem Ziel des Verständnisses des Wasserkreislaufs gehört zu den größten Herausforderungen in der Klimamodellierung, doch macht die Wissenschaft nicht zuletzt durch die Weiterentwicklung der Hochleistungsrechner Fortschritte. Wissenschaftler am MPI-M für Meteorologie untersuchten den Wolkentyp *Stratocumulus*, welcher über den kühlen Aufquellgebieten der östlichen Ozeanbecken auftritt und sich zu einer eher unterbrochenen Wolkenbedeckung (*Cumulus-Wolken* unterhalb einer Stratocumulus-Schicht) über den wärmeren Gewässern der Passat-Regionen entwickelt.

Forschungsergebnisse dieser Art sind die Grundlage für die Parametrierung der Bewölkung in Klimamodellen, in der auch heute noch eine der großen Modellunsicherheiten besteht.

Allerdings ist der Rechenaufwand hochauflösender Simulationen beträchtlich: er liegt nicht selten im Bereich von mehr als 100.000 CPU-Stunden (*CPU Central Prozessing Unit*; ein Prozessor ist die zentrale Verarbeitungseinheit eines Computers). Daher können wir das Klimasystem und seine Veränderungen auf absehbare Zeit nicht vollständig auflösen. Immerhin beginnt man inzwischen wenigstens natürliche und menschliche Einflüsse auf das Klimasystem konsequenter als bisher zu trennen. Das ist die Chance, vom menschlichen Einfluss auf das Klima zu sprechen. Ohne eine solche Trennung ist das nicht möglich.

Im Kern beruhen Klimamodelle auf mathematischen Gleichungen, die physikalische Gesetze in Verbindung bringen. Es sind die Gesetze der Massen-, Impuls- und Energieerhaltung. Die zeitlichen Änderungen verschiedener Größen, zum Beispiel Temperatur, Druck, Feuchte stehen in physikalischem Zusammenhang und werden auf einem drei-dimensionalen Gitter schrittweise weitergeführt.

In solchen Sequenzen schleppen sich wie beim Kinderspiel *Stille Post* gemäß C. F. Gauß bei jedem Schritt Fehler ein. Jedes Kind kennt das. Gegen die Fehlerfortpflanzung ist kein Kraut gewachsen, denn es sind Rundungsfehler, die im System aller Computer liegen: Computer arbeiten niemals fehlerfrei; auch wenn die Fehler noch so klein sind und unbedeutend zu sein scheinen, sind sie verheerend, wie auch alles was der Mensch macht.

Und je mehr Rechenschritte ein Programm für die Lösung seines Problems braucht, je länger es also rechnen muss, umso falscher werden seine Ergebnisse sein.

Klimamodelle können unterschiedlichen Zwecken dienen, zum Beispiel dem Verständnis definierter Prozesse, dem Verständnis der Wechselwirkungen und Gesetzmäßigkeiten des Klimasystems, der Simulation des vergangenen Klimas oder der Projektion künftiger Klimazustände. Je nach Anwendungsfall sind dazu Modelle unterschiedlicher Komplexität einzusetzen. Alles Programmieren aber

ist und bleibt ein Kampf gegen Rundungsfehler. Je früher man dies begreift, umso eher wird man seine Grenzen erkennen. Jeder noch so kleine Fehler ist ein Schritt zum Scheitern des eigenen Vorhabens und die Gleichungssysteme des atmosphärischen Systems sind diesbezüglich gnadenlos.

Die Motivation für die Verwendung von Klimamodellen ist einfach zu verstehen: In keinem Versuchslabor kann die Komplexität des Klimasystems mit allen seinen Wechselwirkungen auch nur annähernd hergestellt werden. Dies jedoch wäre Voraussetzung, um verstehen zu können, wie sich beispielsweise der Lebensstil der Menschen auf die Erde in Zukunft auswirken wird. Daher arbeitet die Klimaforschung seit Jahrzehnten daran, verschiedene Klimasituationen immer besser durch numerische Modelle zu beschreiben und diese auf Großrechnern möglichst vollständig zu erfassen.

Für die Öffentlichkeit sind die wichtigsten Botschaften der Klimamodellrechnungen Projektionen des zukünftigen Klimas. Gerade hier setzen allerdings die Zweifel an. Die Ergebnisse von Modellrechnungen lassen sich schlechterdings nicht verifizieren. In tausend Jahren lebt niemand mehr von jenen, die etwas gerechnet haben. Anders als bei Wettervorhersagen liegen die gerechneten, also vorausgesagten Klimadaten in einer fernen Zukunft, so dass Wissenschaftshistoriker von heute grundsätzlich nur danach fragen können, wie gut die Nachrechnungen vergangener Perioden waren. Alles andere ist grundsätzlich nicht möglich.

Dennoch kursieren Argumente für die Glaubwürdigkeit von Zukunfts-Modellprojektionen, wofür der 2007-Bericht des Weltklimarates IPCC die folgenden selbstverständlichen Argumente anführt:

o Klimamodelle basieren auf anerkannten physikalischen Gesetzen und Beobachtungen
o Klimamodelle sind in der Lage, wichtige Aspekte des gegenwärtigen Klimas zu reproduzieren
o Klimamodelle sind in der Lage, wichtige Aspekte des vergangenen Klimas und vergangener Klimaänderungen zu reproduzieren, zum Beispiel des *Letzten Glazialen Maximums*, der Kleinen Eiszeit und den Temperaturanstieg der letzten Jahrzehnte als Folge der zunehmenden Konzentration von Treibhausgasen
o Wettervorhersagemodelle, die nicht selten die Ausgangsbasis für ein Klimamodell liefern, werden erfolgreich für Wetterprognosen und saisonale Vorhersagen eingesetzt. Die Projektionen von früheren Klimamodellrechnungen für die letzten beiden Jahrzehnte stimmen im großen und ganzen mit den darauf folgenden Beobachtungen überein. Die Kernaussagen dieser Modelle haben sich nicht wesentlich geändert
o Die von verschiedenen Forschergruppen entwickelten Klimamodelle zeigen im wesentlichen dasselbe Verhalten

Eine konzise Prüfung der Richtigkeit dieser Behauptungen würde den Rahmen dieses Buches sprengen, doch werden ohnedies *vom IPCC selbst folgende Einschränkungen* angegeben:

- o Zu 1. *Die Modelle sind noch nicht in der Lage, Wolken und die Rückkopplungen der Kryosphäre hinreichend abzubilden. Herausforderungen stellen immer noch die Simulationen von Extremereignissen, außertropischen Stürmen und zu einem geringeren Teil des El-Niño-Phänomens dar.* Der Mangel in der Wolkensimulation allein macht bereits die Modelle wertlos.
- o Zu 2. *Die Simulation des gegenwärtigen Klimas kommt in einigen Aspekten dadurch zustande, dass Modelle an die Datenlage angepasst (kalibriert) werden.* Jede Modellkalibrierung ist mit ihrer Wirkung nachzuweisen. Anderfalls ist das Modell nur eingeschränkt einsetzbar oder sogar wertlos.
- o Zu 3. *Diese Kalibrierungsvoraussetzungen gelten auch für Modelle, welche die Vergangenheit zu modellieren versuchen.* Gerade hier sind Daten und Modelle nicht unabhängig voneinander, denn Klimamodelle müssen eingesetzt werden, um die Proxydaten zu interpretieren. Damit erzeugen sie ein ‚beobachtetes‘ Paläoklima. Natürlich ist dieses Paläoklima niemals beobachtet worden, aber durch Simulation erhält es diesen Stellenwert, was aber leider auch alle Spielräume offenlässt. Der Wahrheitsgehalt der nachfolgenden Modellrechnungen ist entsprechend zu hinterfragen.
- o Zu 4. Erfolgreiche Vorhersagen über Tage, Monate oder auch einige Jahre sind keine Garantie, dass auf diese Weise auch alle relevanten Prozesse erfasst wurden, welche die langfristigen Klimaprojektionen bestimmen.
- o Zu 5. Die verschiedenen Modelliergruppen arbeiten keineswegs unabhängig voneinander. Die Kommunikation in der Community der Modellierer ist sogar als intensiv einzuschätzen.

Klimamodelle können die Wirklichkeit niemals ohne Einschränkung wiedergeben. Damit unterscheiden sie sich von keinem anderen Modell, denn Modelle sind immer Nachbildungen der sogenannten Wirklichkeit, die wir nicht kennen. Sie werden daher das tatsächliche, unbekannte Klima immer nur in Annäherung beschreiben, doch sollten sie ein brauchbares Instrument sein, das Klimasystem und seine Veränderungen zu verstehen. Durch Kombinationen von globalen und regionalen Klimamodellen sind Forscher dann in der Lage, innerhalb einer gewissen Bandbreite Entwicklungen des Klimas zu prognostizieren. Durch vielfältige Unsicherheiten werden Bandbreiten auch in Zukunft unvermeidlich sein.

So *ist man der Meinung,* mit Modellsimulationen nachgewiesen zu haben, die globale Erwärmung der letzten Jahrzehnte *wäre eindeutig* durch anthropogene Treibhausgase bedingt. Das ist nicht der Fall und doch meint man zudem noch, man hätte übereinstimmend gezeigt, bei einem weiteren Anstieg der Treibhausgaskonzentration würde sich die globale Erwärmung beschleunigen.

Klimamodelle scheinen eine belastbare Basis zu sein, doch werden alle Berechnungsversuche Kämpfe gegen Rundungsfehler bleiben, und vielleicht findet man auch nirgendwo belastbare Angaben über Ungenauigkeiten der Ergebnisse.

3 Warum kein Treibhauseffekt existiert

Die Darstellung angeblicher Wirkungszusammenhänge von *Treibhausgasen* und geschäftsfördernden Temperaturverläufen hat sich mittlerweile in unphysikalische Pfade verirrt und es scheint so, dass kein Weg mehr aus diesem Labyrinth führt – wohl auch nicht führen soll.

Das Übersehen unabwendbarer Modellierungsungenauigkeiten und der Erbarmungslosigkeit des Fehlerfortpflanzungsgesetzes sind die Ursache für die krasse Überschätzung der Möglichkeiten von Codes auf solch schwierigem Terrain. Hinzu kommt noch die grundsätzliche Unmöglichkeit der Falsifizierung von Atmosphärenparametern: wie werden Voraussagen über Tausende von Jahren hinweg geprüft und welche Parameter über welche Zeitbereiche hinweg will man dazu messen. Und wie wollte man sie messen?

Zumal immer weniger Fachleute der Klimatologie an ernsthaften Diskussionen teilnehmen, muss unterstellt werden, dass es Ziel und Zweck des Mainstreams ist, einen großtechnischen Einsatz zur Reduzierung von CO_2 in jedem industriellen Ablauf als für eine Klimarettung unabdingbar und vor allem erfolgversprechend darzustellen. Und das, obwohl er technisch nicht realisierbar ist. Doch wird er wegen der großen finanziellen Interessen zur Sanierung der deutschen Energiewende von der deutschen Regierung vehement propagiert.

Der unbedarfte Steuerzahler aber ist verunsichert, denn ihm fehlen Wissen, Erfahrung und Augenmaß für die ganze Sache und so kann man ihm für dieses Projekt über die CO_2-Steuer entsprechende hohe finanzielle Unterstützung abzwingen. Er wird sich kaum dagegen wehren können. Er weiß auch nicht, dass die Sonne der Hauptakteur im Klima ist. Sie hat keinen Fürsprecher und braucht auch keinen, der ihre Wirkung explizit geltend machen sollte.

[*English version: Greenhouse Gas Hypothesis Violates Fundamentals of Physics* realplanet.eu; *Heinz Thieme*, 2000, 2003]

[real-planet.eu Dipl.-Ing. Heinz Thieme, Kaarst, Erstunterzeichner des Heiligenrother Klima-Manifestes http://www.klimamanifest-von-heiligenroth.de/, Mitbegründer von EIKE (Europäisches Institut für Klima und Energie)]

Obwohl mittlerweile sogar von den Fachleuten des IPCC eingestanden wird, dass trotz umfangreicher Bemühungen kein belastbarer Beweis für einen anthropogenen *Treibhauseffekt* geführt werden konnte, also kein Beweis für einen wesentlichen Einfluss sogenannter menschengemachter Treibhausgase auf die Erhöhung der Erdtemperatur im Bodenbereich der Atmosphäre, wird gerade in diesen Gremien permanent von der angeblichen Existenz dieses Effekts erzählt und auf extrem kostspielige technische Maßnahmen gedrängt, um ihn abzustellen.

[Graßl, u.a. www.dmg-ev.de/wp-content/uploads/2015/12/treibhauseffekt.pdf]

Ohne Skrupel stellen sie ihn immer wieder einer unbedarften Bevölkerung vor. Sogar gegen ihre eigene Einschätzung von Erfolg, wollen ihn sogar durch Beschränkung oder Abschaltung der anthropogenen CO_2-Emissionen technisch eingrenzen und nach Möglichkeit eliminieren. Maßnahmen für eine solche Eingrenzung bedürfen – trotz ihrer definitiven Erfolglosigkeit – einen unfassbaren technischen und finanziellen Aufwand und können damit selbst Deutschland weit über seine Schmerzgrenzen hinaus an den Rand des Ruins bringen.

Dieser strapazierte Treibhauseffekt war bisher nicht nachweisbar und er wird es auch in Zukunft nicht sein, denn ein Nachweis ist aufgrund der Komplexität der Zusammenhänge quantitativ nicht möglich. Überhaupt stehen die für einen solchen Effekt notwendigen Voraussetzungen im Widerspruch zu allen physikalischen Gesetzen, die für Gase und Dämpfe gelten.

Der Idee für die Existenz eines Treibhauseffektes lag die Vorstellung zugrunde, ein Teil der von der Erdoberfläche wieder in Richtung All abgehenden Wärmestrahlung würde durch das Dach einer mit Gasanteilen von CO_2, O_3, N_2O und CH_4 geschlossenen Atmosphäre wiederum zur Erdoberfläche gespiegelt, um diese unter schierer Verachtung des Zweiten Hauptsatzes der Thermodynamik zusätzlich aufzuheizen.

Durch diesen Gasanteil würde die Erde im oberflächennahen Bereich der Atmosphäre auf höherer Temperatur stabilisiert als ohne ihn.

Um die Existenz eines Treibhauseffekts glaubhaft zu machen, wurden schließlich für die letzten 200 Jahre Temperaturmessreihen unterlegt, die einen gewissen Anstieg der mittleren Temperatur zeigten. Messreihen zum CO_2-Gehalt der Luft in den zurückliegenden 70 Jahren zeigen einen gleichlaufenden Anstieg, und wegen dieser Ähnlichkeit der beiden Verläufe über einige Zeit hindurch glaubten manche Klimatologen eine Verknüpfung des CO_2-Gehalts der Luft mit dem Ansteigen der Erdtemperatur herstellen zu müssen. Dieser Korrelation war also ab jetzt Augenmerk zu schenken.

Ein umgekehrter kausaler Zusammenhang, dass also ein Anstieg der Erdtemperatur den CO_2-Gehalt ansteigen lassen könnte, wurde offenbar nicht in Erwägung gezogen. Der Sonne hatte man diesen Effekt mittlerweile nicht mehr zugetraut oder man wollte ihn ihr nicht mehr zuordnen, denn inzwischen war alles auf CO_2 als Ursache fixiert.

Man glaubte mit dem Planeten Venus den Zusammenhang zwischen dem CO_2-Gehalt der Luft und der Temperatur in der Atmosphäre bewiesen zu haben. Seine Atmosphäre besteht schließlich zu 95 % aus CO_2 und die Temperatur am Boden beträgt 460 °C. Das schien der eklatante Beweis für die Wirkung von CO_2 auf die Atmosphärentemperatur zu sein.

Doch bestimmt auf der Venusoberfläche der extrem hohe Atmosphärendruck von 90 bar die hohe Temperatur. CO_2 spielt dabei keine Rolle. Die Klimatologen hatten falsche Schlussfolgerungen gezogen und diese sollten bis jetzt bestehen bleiben.

Unter strenger Beachtung physikalischer Gesetze ist keine Erklärung zu finden, weshalb und wie Gasbestandteile der Luft, so zum Beispiel das CO_2 zur Rückübertragung der von der Erdoberfläche abgehenden Wärmestrahlung beitragen könnten, damit zur Erwärmung der untersten Atmosphäre und also implizit zur Erwärmung der Erdoberfläche.

Übrigens sinkt in der Lufthülle der Erde aufgrund des mit der Höhe abnehmenden Druckes die Temperatur trockener Luft um etwa 1° C je 100 m Höhenzunahme; unter üblichen atmosphärischen Bedingungen (feuchte Luft) um etwa 0,7° C je 100 m Höhenzunahme. Oben ist es also stets kälter als unten. Tag und Nacht.

Eine Rückstrahlung der von der Erdoberfläche nach oben abgehenden Wärmeabstrahlung ist nur durch neuerliche Reflexion (und wieder nach unten) möglich: ähnlich wie jene durch eine Alu-Folie unter der Wärmeisolierung in unseren Dächern, um die Infrarot-Strahlung am Entweichen nach oben zu verhindern und damit die Wärme im Haus zu halten.

Gleichmäßig verteilte CO_2-Moleküle in der Lufthülle, wie sie in der Atmosphäre vorhanden sind, reflektieren jedoch keine Strahlung.

Das bedeutet, dass es eine *Gegenstrahlung* nicht geben kann.

Der Grund: Innerhalb homogen verteilter Gase und Gasgemische treten keine Reflexionen auf. Reflexion gibt es, wie Brechung, nur an Grenzschichten von Stoffen unterschiedlicher optischer Dichte oder an Phasengrenzen eines Stoffes oder eines Stoffgemisches:

fest|flüssig   flüssig|gasförmig   fest|gasförmig

Dies ist aus der Strahlenoptik bekannt.

Doch gibt es Reflexion und Brechung an Wassertropfen, Eiskristallen, sowie in und an der feuchten Luft, zum Beispiel an der Grenze Luft-Wasser.

Nicht aber gibt es sie innerhalb homogener Stoffe, wie zum Beispiel in Luft, Wasser oder Glas.

Wenn innerhalb der Atmosphäre Wärmeabstrahlung, von der Erdoberfläche aufwärts kommend (*Gegenstrahlung*), absorbiert würde, erwärmte sich dort die absorbierende Materie. Das sind die absorbierenden (besser: *reagierenden*) Luftanteile. Der für einen Ruhezustand der Luftschichten notwendige und ggf. zuvor bestandene vertikale Verlauf von Temperatur, Dichte und Druck wird nun gestört: Luft dehnt sich bei Erwärmung aus; bezogen auf die Volumeneinheit wird sie leichter als die Umgebungsluft, erst recht als die darüberliegende kühlere Luft, und sie steigt deshalb auf.

Damit wird die absorbierte Wärme (physikalisch richtig: *übertragene Wärme*) durch Luftmassenaustausch abgeführt, ebenso wie jene Wärme, die der Luft am Boden der Atmosphäre, also der Erdoberfläche, ihrem Bewuchs und ihrer Bebauung durch Konvektion zugeführt wurde.

Wegen solches inhärenten Luftaustausches ist es zum Beispiel sinnvoll, beim Heizen im Winter die Außenfenster der Innenräume geschlossen zu halten, da sonst die von der Raumheizung erwärmte Luft nach außen entweicht und ihre Energie mitnimmt. Es würde kalt im Zimmer. Das weiß jede Hausfrau.

Inzwischen haben sich sogar Klimatologen dazu erwärmt, explizit zuzustimmen, dass sich die Troposphäre mit Hilfe von Spurengasen nur dann zu erwärmen vermag, wenn keine anderweitigen Änderungen im System Erde|Atmosphäre auftreten. Zum Beispiel dynamische physikalische Prozesse, die die erforderlichen Ströme betreiben. Eine Art thermodynamischer Hilfeleistung, wie sie auch bei der Energiewende und den eCars stattfindet. Dort trägt diese Hilfeleistung die Bezeichnung *Subvention* und wird steuerlich unterstützt.

Unter idealen Bedingungen wäre ein zusätzlicher anthropogener Treibhauseffekt denkbar, so sagen die Öffentlichen. Ideale Bedingungen, unter denen ein Treibhauseffekt auftreten könnte, herrschten in der Atmosphäre allerdings nicht. So sagen sie inzwischen, wenn kein Mikrophon dabei ist.

Eine solche irreale Voraussetzung für die Realisierung des Treibhauseffektes, ist die Annahme völlig ruhiger Luft: auch dass Luft nach ihrer Erwärmung in einem kälteren Medium aufsteigt, scheint von der modernen Klimatologie vergessen worden zu sein.

Zur **Prüfung der Realisierbarkeit eines Treibhauseffektes** verfolgen wir das Schicksal eines Volumens in der Atmosphäre:

- wird einem Luftvolumen Energie zu geführt, so erwärmt sich die Luft und die Luftmasse dehnt sich aus (ein Heißluftballon entspricht unserem Volumen in der Atmosphäre)
- unser Ballon dehnt sich also aus
- die Dichte des Gases im Ballon verringert sich weiter
- sein Auftrieb in der Umgebungsluft wird stärker
- der Ballon steigt auf größere Höhe
- er gibt dabei Wärme an die Umgebung ab, er kühlt sich also ab
- damit er nicht an Höhe verliert, ist ein Brenner erforderlich = eine externe Wärmequelle, die das Gas erwärmt
- solange der Ballon wärmer ist, als seine aktuelle Umgebung (ggf. ist er das eine Zeit lang auch ohne laufenden Brenner), steigt er auf
- währenddessen gibt er mittels Strahlung fortwährend Wärme ins All ab
- eine woher auch immer erhaltene Wärmemenge (zum Beispiel die von der fiktiven Gegenstrahlung, die von der Erdoberfläche kommt, aufgewärmte Luftmasse) wird deshalb stets aus ihrer Position heraus nach oben ins Weltall entweichen und nicht wiederum die Energie auf die Erde zurückbringen
- deshalb wird sie zu keinem Erwärmungseffekt beitragen

Man kommt also zum bekannten Ergebnis: Ein Treibhauseffekt wird nicht zustande kommen.

Eine molekulare Analyse der obigen Verhältnisse zeigt folgendes:

Der molekulare Prozess läuft, wie der makroskopische, prinzipiell mit und in jedem CO_2-Molekül innerhalb der Lufthülle ab, welche von der, von der

Erdoberfläche oder tieferliegenden Luftschichten abgehenden Wärmestrahlung, also von unserer ‚Gegenstrahlung', passiert wird.

Bei diesem Vorgang bleibt das getroffene CO_2-Molekül auf dem Temperaturniveau seiner Umgebung, denn aufgrund der hohen Teilchendichte tauschen alle Teilchen der Lufthülle unverzüglich ihre kinetische Energie (Bewegungsenergie) in elastischen Stößen aus. Das gilt für Energiebeiträge aus beliebigen Quellen.

Kein CO_2-Molekül in der Luft kann also dabei isoliert agieren und daher hat es letztlich im Mittel keine andere Temperatur als seine Umgebung. Die *Temperatur* eines Körpers ist ein Maß für die mittlere kinetische Energie seiner Moleküle, aus denen er besteht. Das gilt natürlich auch für ein Gas.

Erhöht man nun die Temperatur eines Gases oder einer Flüssigkeit, die ja aus Molekülen bestehen, so wird die Bewegung dieser Teilchen umso intensiver, ihre mittlere kinetische Energie umso höher, je höher die Temperatur des Gases beziehungsweise der Flüssigkeit wird.

Wird eine Luftmenge erwärmt, so kommt sie in aufsteigende Bewegung. In der statistischen Mechanik Boltzmanns wird der Zusammenhang exakt formuliert und es werden vielerlei Schlüsse gezogen, die unter anderem die Basis der Statistischen Mechanik bilden.

Grundvoraussetzung für jede Art von Wärmeübertragung vom Körper A zum Körper E ist, dass der Absender A wärmer ist, also eine höhere Temperatur hat, als der Empfänger E: ein Set langsamer Objekte (Moleküle) kann kein Set schnellerer Objekte antreiben. Dies ist gleichermaßen unmöglich, wie mit einem kalten Heizungsgerät einen wärmeren Raum erwärmen zu wollen.

In Deutschland läuft seit Jahren der Großversuch *Energiewende*. Obwohl nach wichtigsten physikalischen Prinzipien als nicht erneuerbar bewiesen, hat die deutsche Kanzlerin Energie ex cathedra einfach als erneuerbar definiert und als tragende Säule einer neuen technologischen Richtung festgelegt, die als Exportschlager auch Kurs ins Ausland nehmen soll. Mit Erstaunen ist festzustellen, dass dieser Ansatz tatsächlich auch in anderen Ländern wirkliche oder zumindest scheinbare Anerkennung erfährt und es mittlerweile sogar Lehrstühle für Perpetua Mobilia gibt. Offiziell nennen sie sich *Lehrstühle für Erneuerbare Energie*, das auf das Gleiche herauskommt. Die Finanzierung solcher Lehrstühle über öffentliche Mittel ist von der Anerkennung des Ansatzes durch die Führung abhängig.

Die *Erneuerbare Energie* wird freilich erfolglos sein, weil es sich bei ihr physikalisch um ein nachweislich nicht realisierbares *Perpetuum Zweiter Art* handelt, in dem kurz gesagt ein kälterer Körper einen wärmeren weiter erwärmt, was nicht funktioniert. Deswegen müssen in der technischen Realität externe Kraftwerke die aktuell fehlende Energie ersetzen. Gas-, Kohle- und Kernkraftwerke im Inland und im Ausland liefern dann die fehlende Energie, darunter Kraftwerke, auch Kernkraftwerke in Frankreich, Ungarn und Tschechien.

Energieersatz ist sehr teuer und er hat mittlerweile die Strompreise in Deutschland auf den europäischen Spitzenplatz getrieben, was die reiche Oberschicht nicht stört, doch finanziell schwächere Gruppen empfindlich trifft. Einen Ausweg aus dem Dilemma sollen eCars bilden, deren Batterien mit Solar- und Windstrom geladen werden sollen. Damit soll überflüssiger Windstrom, der nicht verwendet und auch nicht exportiert werden kann, weil er die ausländischen Netze irritiert, in heimische Fahrzeuge eingespeist werden und diese sollen bald konventionelle Kraftfahrzeuge ersetzen. Probleme, wie die Batterieherstellung, die im Ausland Kinderarbeit erzwingt und von der Ausbeutung armer Länder lebt, und vor allem die Batterieentsorgung, für die bisher kein nachhaltiges Konzept vorliegt, werden derzeit nicht besprochen.

Werden ab 2022 in Deutschland keine klassischen Kraftwerke mehr in Betrieb sein, so wird möglicherweise auch Russland mit den neuen transportablen AKW einspringen. Es wird in einem ökonomischen Desaster enden, sobald die subventionierten externen Antriebe (Gaskraftwerke, Kohlekraftwerke, Kernkraftwerke, Importe aus dem Ausland) unbezahlbar oder nicht mehr verfügbar sind. Bis dahin wird der Begriff *Wirkungsgrad* auf dem politischen Index gehalten und nicht hinterfragbar sein.

Auch in der Klimafrage, die mit der Energiewende eng verzahnt ist, werden kritische physikalische Probleme ignoriert, um unphysikalische Ansätze möglichst widerstandslos durchziehen zu können.

Folgendes Beispiel:

Die Strahlungsleistung eines (Schwarzen) Körpers ist proportional zur vierten Potenz seiner absoluten Temperatur, was den großen Einfluss der Temperatur auf die Strahlungsleistung erklärt. Daraus kann man die Verhältnisse der Strahlungsleistungen unterschiedlicher Konfigurationen bestimmen.

Wegen der in der Atmosphäre mit der Höhe abnehmenden Temperatur (das sind ca. 0,7 bis 1 K pro 100 Höhenmeter), ist eine Rückstrahlung (Reflexion,

Gegenstrahlung) der von der Erde selbst oder erdnahen Schichten kommenden Wärme in darüber liegende Spurengasanteile von CO2 und von diesen wieder zurück auf die Erde völlig ausgeschlossen. Dazu müsste Wärme aus dem Nichts entstehen können, gleichbedeutend mit einem Perpetuum Mobile Zweiter Art, wie eben jenem, das in der Energiewende Deutschlands wirksam sein müsste, was wir gerade erwähnt haben.

Das unhaltbare physikalische Versprechen der Anhänger der Energiewende wird sein Kapitalproblem sein und sich in kostspielige Luft auflösen.

Die Klimatologen haben ihre Erkenntnisse zum Strahlungsgleichgewicht durch Betrachtungen über den gesamten Gas-Bereich der Atmosphäre bis hinunter zum Erdboden gewonnen. Daraus folgte: effektive Gegenstrahlung gibt es nicht. Auch könnte ihre Quelle nicht nachgewiesen werden, weil diffuse Strahlungen gemischter Frequenzen aus verschiedenen Quellen im Aufpunkt des Messgerätes nicht experimentell unterschieden werden können. Schon deswegen konnte eine Gegenstrahlung, auch wenn sie existierte, bisher nicht experimentell nachgewiesen werden.

Alle diese hochkarätigen Überlegungen und Erkenntnisse der Fachleute sind grundsätzlich anerkennenswert, aber sie nützen im Moment nichts, weil nichts gesagt werden darf über etwas, was die ganze Albernheit der Klimaideen aufdecken könnte, die derzeit unter hysterischer Begeisterung und fehlender Sachkenntnis über die Menschheit hereinbrechen. Es würde vielen Firmen augenblicklich den schwankenden Boden entziehen und das durch hoffnungslose Konzepte und unsinnige Aktivitäten in verschiedenen Bereichen künstlich hoch gehaltene Beschäftigungsniveau abstürzen lassen.

Bis in annähernd 10 bis 16 km Höhe, wo der Treibhauseffekt angeblich stattfinden soll, geben Gase zwar Energie über Wärmeleitung und Konvektion ab, nicht jedoch über Strahlung, was Voraussetzung für eine Gegenstrahlung wäre. Ein Energieaustrag aus der Atmosphärenluft findet erst am Übergang vom Gas-Zustand zum Vakuum-ähnlichen Zustand statt, also an der oberen Grenzschicht der Atmosphäre. Ab dort können Gase geringe Energiemengen über Strahlung abgeben. Erheblichere Energiemengen werden mit der Kondensations- und Erstarrungswärme beim Kondensieren von Wasserdampf in der Luft bzw. beim anschließenden Gefrieren der Wassertropfen gebunden oder übertragen. Diese gegenüber der Strahlung weitaus leistungsstärkeren Wege der Energieübertragung durch Wärmeleitung und Konvektion gibt es aufgrund der geringen Materiedichte an der oberen Grenzschicht nicht mehr.

Eine quantitative Beurteilung der energetischen Wertigkeit von Ein- und – Abstrahlung ist erst ab dem Grenzbereich zum Vakuum-ähnlichen Zustand der Atmosphäre möglich, denn in tieferen Bereichen der Atmosphäre wird der Wärmehaushalt durch das thermodynamische Wechselspiel der Atmosphärenbestandteile, insbesondere ihrer permanenten Zustandsänderungen beherrscht.

Beim Gang von oben durch die Atmosphäre steigt der Luftdruck durch die länger werdende drückende Luftsäule kontinuierlich an. Die Barometrische Höhenformel gibt dazu den quantitativen Bezug. Der Druckanstieg in vertikaler Abwärtsrichtung führt zu einem entsprechenden Temperaturanstieg der Gase, der über die Gasgleichungen berechnet werden kann. Sie geben den Bezug zwischen Volumen V, Druck P und Temperatur T eines Gases an. In idealen Gasen gilt $P.V/T = R = constant$.

Achtung CO_2-Fans: ein rechnerischer Vergleich der Situation der Erde mit jener der Venus ergibt, dass es auf der Venus trotz ihrer super-dichten CO_2-Atmosphäre noch vergleichsweise kühl ist: bestünde sie nämlich bei gleichem Gas-Bodendruck und gleicher planetarer Rückstrahlung aus Luft anstelle von CO_2, dann wäre es dort um ca. 200 °C wärmer. Also CO_2 garantiert nicht a priori Hitze, wie heutzutage oft dargestellt und gemeint wird.

Ursache hierfür sind die unterschiedlichen Molekülgrößen von 2- und 3-atomigen Gase. Dementsprechend wäre es auch auf der Erde etwas kälter, wenn unsere Atmosphäre aus CO_2 und nicht aus Luft bestünde. Keine Sorge, wir könnten dort ohnedies nicht leben.

Eine Besonderheit unserer Erdatmosphäre ist ihr Wassergehalt. Wasser kann in drei Aggregatzuständen auftreten: die feste und die flüssige Form (Wolken) zeigen gravierend andere Strahlungseigenschaften als Gase: sie reflektieren. Damit hat ausschließlich Wasser Qualitäten, die eine dem technischen Treibhaus ähnliche Reflexionswirkung zeigt. Allerdings muss auch hier wieder ausdrücklich darauf hingewiesen werden, dass dieses örtlich fixiert und einigermaßen gasdicht sein müsste.

Einen Luftaustausch verhindert das Wasser der Wolken hingegen nicht, doch werden bei Kondensation oder Erstarrung des Wasseranteils der Luft Wärmemengen abgegeben, die in wesentlichem Maße das Temperaturgeschehen in der unteren Atmosphäre bestimmen. Im Vergleich dazu sind die Wärmetransport- und -speichermöglichkeiten von Spurengasen wie CO_2 unbedeutend.

Es verwundert, dass man diese Umstände bisher nicht gebührend beachtet und diskutiert hat. Vielleicht ist das jetzt noch nicht erlaubt. Obwohl man durch alle mit dem menschlichen Leben verbundenen Aktivitäten, also durch Intensivierung und Extensivierung der Landwirtschaft, durch Staudämme und -seen, durch riesige Bewässerungsprojekte, nach Angaben der FAO-Statistik in der Zeit von 1960 bis 2002 die weltweite Fläche der Bewässerungslandwirtschaft auf rd. 2.8 Mio. km^2 verdoppelt und damit die weltweite mit künstlicher Bewässerung genutzte Landwirtschaftsfläche auf 90 % der Fläche Indiens und knappe 8-mal-Deutschland vergrößert hat, verwundert es, dass man auch diese Umstände noch immer nicht gebührend beachtet und diskutiert hat. Denn H2O, das bei der Verbrennung fossiler Energieträger entsteht, bei industriellen Prozessen, bei anderweitiger Wassernutzung, durch menschliche und tierische Atmung, trägt erheblich zur Befeuchtung der Atmosphäre bei.

Bei der Verbrennung fossiler Brennstoffe wie Erdgas, Erdöl oder Kohle, daher auch beim Verbrennungsmotor der PKW, werden große Wassermengen frei. Die Kohlenwasserstoffe fossiler Brennstoffe oxidieren (= verbrennen) im Sauerstoff der Luft. Dabei entstehen hauptsächlich Kohlendioxid und Wasser. Dieses neu gebildete Wasser kann man zum Beispiel bei einem PKW mit kaltem Motor an kühlen Tagen in Form von Dampfwolken erkennen, die aus dem Auspuff kommen.

Es ist davon auszugehen, dass die industriell strapazierte Atmosphäre in den zurückliegenden 100 Jahren deutlich feuchter geworden ist, und doch ignoriert die aktuelle Klimatologie gerade der Einfluss ihres steigenden Wassergehaltes auf mögliche Temperaturänderungen.

Auch derart führt die Zunahme der nächtlichen Bewölkung zweifellos zu nennenswert höheren nächtlichen Temperaturen im Lebensraum der Menschen und bewirkt jene Temperaturveränderungen, welche die Klimatologie derzeit dem erhöhten CO2-Gehalt der Luft zuordnen bemüht ist.

Unter Würdigung physikalischer Grundlagen ist die behauptete Klimarelevanz sogenannter Treibhausgase - wie zum Beispiel des CO2 – abwegig. Durch höhere Anteile von CO2 in der Atmosphäre, solange diese nicht die Größenordnung von 2 % erreichen – das wäre das ungefähr 50-fache des aktuellen Niveaus und es wäre selbst bei Verbrennung aller Wälder der Erde nicht zu erreichen – sind weder das Klima noch die Menschheit gefährdet.

Auch aus diesem Grund ist die Absicht, das Klima schützen zu wollen, absurd.

4 Was die Solare Variabilität ist

Angeblich hat mittlerweile jeder moderne Mensch akzeptiert, dass sich das Klima ändert, dass CO_2 und Methan Treibhausgase und daher auch am Klimawandel schuld sind.

Wer das nicht akzeptiert ist rechts, weiß, undemokratisch und heterosexuell.

Diese Kriterien helfen uns aber bei der kritischen Prüfung unserer Haltung zum Klimaschutz auch nicht weiter. Wir hatten ausführlich diskutiert, dass die Sonne ein variabler Stern ist und daraus vielfältige Konsequenzen resultierten. Eine davon könnte sein, dass sie eines Tages nicht mehr wie bisher scheinen mag. Oder sie könnte sich merkwürdig verhalten, sogar in mehrere Einzelteile zerplatzen, obgleich das ziemlich unwahrscheinlich ist.

Eruptionen und Sonnenflecken geben uns schwache Hinweise, dass in ihrer Masse Unverständliches vonstatten geht. Etwas das wir deswegen nur selten wahrnehmen, weil wir es mit ungeschütztem Auge nicht betrachten können.

Objektiv aber stellt die Sonne für uns Menschen das größte Lebensrisiko dar. Worüber allerdings kaum jemand spricht.

Wir stellen uns also schon einmal die Frage, inwieweit die globale Erwärmung der jüngsten Zeit auf die Sonne zurückzuführen sein kann. Sei es ihre interne Variabilität oder vielleicht Parameteränderungen der Erdumlaufbahn; wie viel kann auf die menschlichen Treibhausgasemissionen gebucht werden, die hauptsächlich von fossilen Brennstoffen stammen, oder gibt es einen ganz anderen Grund für die alltäglich gemessenen Temperaturänderungen.

Globale kurzfristige Wettermuster mit einer Zeitkonstante von kleiner als 30 Jahren werden sicherlich von den Ozeanen bestimmt. Es gibt Ozean-Oszillationen, wie *El Nino*, die *Southern Oscillation (ENSO), Pacific Decadal Oscillations (PDO)* und *Atlantic Multidecadal Oscillations (AMO)* [Angaben nach der National Oceanic and Atmospheric Administration NOAA 2018].

Längerfristige Klimaveränderungen (> 100 Jahre) können durch den *Thermohalinen Kreislauf (THC)* verursacht werden. Ein Prozess, bei dem das Oberflächenozeanwasser so dicht wird, dass es tiefer in den Ozean eintauchen und sich der *Meridionalen Umwälzzirkulation (Meridional Overturning*

Circulation MOC) anschließen kann, die tiefes Wasser rund um die Erde transportiert.

Dieser Austausch von Wasser aus der Oberfläche gegen solches aus tieferen Gewässern und später gegen tiefe Oberflächengewässer erfolgt im wesentlichen in den Polarregionen, in denen tiefes Wasser belüftet wird und sich mit der Atmosphäre ausbalanciert.

Vermutlich bildet das isolierte Mittelmeer die einzige Ausnahme bei einem Austausch dieser Art.

Der Treiber für das gesamte THC ist die Kühlung des Meerwassers in hohen Breitengraden, wobei auch der Salzgehalt eine Rolle spielt. Der langsame Anteil tiefer Meeresströmungen enthält mehr als die Hälfte des Wassers in den Ozeanen. Aufgrund seiner Bindung an die Polarmeere ist er kälter als 4 ° C. Die Strömungen absolvieren weltweite Reisen, über tausend Jahre oder länger. Die Geschwindigkeit von THC und AMOC variiert und mit ihnen das Klima.

Die Aufnahme von CO_2 aus den Ozeanen kann ebenfalls zu längerfristigen Klimaveränderungen beitragen. Mit sinkender Wassertemperatur steigt die Löslichkeit von CO_2 in Wasser. Wird das Wasser kälter, wie das in der Kleinen Eiszeit der Fall war, kann es mehr atmosphärisches CO_2 aufnehmen, was den Temperaturabfall weiter beschleunigt. Der umgekehrte Fall tritt ein, wenn wie in letzter Zeit die Temperaturen steigen.

Ein weiterer Beitrag zur langfristigen natürlichen Klimavariabilität sind die längeren Gezeitenzyklen [Berger und Rad 2002]. Sie stören die Ozeanschichtung und lassen warmes Wasser unter dem Meereis aufsteigen, wodurch das Eis vom Boden schmilzt. In Gletscherperioden führt das Schmelzen zu einer Freisetzung beträchtlicher Wärmeenergie, da warmes Wasser, das unter dem Eis eingeschlossen ist, belüftet wird. Die Auswirkung auf das Klima hängt von der ursprünglichen Ausdehnung des Meereises ab und ist daher während der Eiszeiten deutlicher zu spüren.

Der Effekt einer vertikalen Gezeitenmischung der Ozeane ist in interglazialen Perioden weniger vorhersehbar. Die Grundeinheit des lunisolaren Gezeitenzyklus beträgt 375 Jahre und die größte Auswirkung wird alle 1.500 Jahre oder bei jedem vierten Takt des Zyklus beobachtet. Der Zyklus wird durch die Knoten- und die Absidendrehung (Periheldrehung) des Mondes verursacht. Weitere Informationen hierzu findet man im oben zitierten Artikel von Berger und Rad oder in Javiers Post: *Nature Unbound V.*

Der Weltozean enthält 99,9 % der thermischen Oberflächenenergie auf der Erde, die Atmosphäre lediglich 0,07 %. Während also atmosphärische Prozesse häufig nur über kurze Zeiträume, etwa ca. 2 Wochen hindurch das Wetter bestimmen, wird das Klima von den Ozeanen dominiert, und damit bestimmen sie unser Klima.

Aber was wiederum beeinflusst die Veränderungen in den Ozeanen, die keine innere Energiequelle haben: sie sammeln den größten Teil der Sonnenenergie, die an der Erdoberfläche ankommt, sowie den größten Teil der Wärmeenergie, die von den atmosphärischen Gasen auf die Erde abgestrahlt wird. Abgesehen von kosmischen Strahlen, ein wenig Wärmeenergie, die von Vulkanen unter der Meeresoberfläche und gelegentlichen Meteor-Einschlägen geliefert wird, ist das alles.

Wir betrachten also zwei Hypothesen der Energielieferung, die notwendig ist um den Ozean und den Klimawandel anzutreiben.

Betrachten wir einmal die Treibhausgas-Hypothese, die wir im vorigen Kapitel diskutiert haben. Darin wird das Klima durch die Konzentration von Treibhausgasen, genauer gesagt durch *Infrarot-aktive Gase* in der Atmosphäre, unter anderem von Kohlendioxid, gesteuert. Wenn der Atmosphäre Kohlendioxid durch Verbrennung fossiler Brennstoffe zugesetzt wird, steigt die Lufttemperatur und dies erhöht durch die Clausius-Clapeyron-Beziehung die spezifische Luftfeuchtigkeit.

Aber die Beziehung bewertet nur diskontinuierliche Phasenübergänge desselben Mediums, was daher nur beim Wasserdampf der Fall ist, nicht aber bei der Wirkung von CO_2: der zusätzliche Wasserdampf wirkt sich positiv aus und erhöht damit die Temperatur in der Umgebung. Die positive Rückkopplung auf die Wirkung des CO_2 wird zwar theoretisch erwähnt, ist aber nicht quantitativ erfassbar.

[H. Moldaschl: Der Klimawandel. Ideologie und Fakten. BoD. ISBN-13: 978-3746046464; 23.08.2019]

[https://en.wikipedia.org/wiki/Clausius%E2%80%93Clapeyron_relation]

Der IPCC AR5 WG1 Physical Science Basis Report nennt auf Seite 667 (IPCC 2013) *CO2 den wichtigsten anthropogenen Steuerungsknopf für das Klima.*

Obwohl Wasserdampf den weitaus bedeutenden Anteil der Atmosphäre darstellt und er zudem ein deutlich stärkeres Treibhausgas ist als alle anderen Anteile, wird sein Einfluss geringer als jener des CO_2 angegeben: nach der Hypothese des IPCC wird die Temperatur der Luft in erster Linie durch den Anteil von CO_2 und anderen, weit weniger wichtigen, und vor allem nicht kondensierbaren Gasen gesteuert. Neben CO_2 zum Beispiel durch das Infrarot-aktive Gas *Methan*.

[IPCC AR5 WG1-Bericht (IPCC 2013) FAQ 8.1, 666 – 667]

Neben dem Einfluss der Infrarot-aktiven Gase und vor allem des Wasserdampfs darf der Einfluss der Sonne keinesfalls vergessen werden. Es ist die *Solare Variabilität*, die das Klima in hohem Maß kontrolliert (*Variabilitätshypothese*).

Verschiedene Parameter können Intensität und Energie der Strahlung, die wir von der Sonne empfangen, erheblich verändern. Umlaufbahn und Neigung der Erde in der Umlaufbahnebene ändern sich mit der Zeit und diese Faktoren ändern das Angebot an Sonnenstrahlung, die auf die Erde trifft. Aber auch die Parameter von Jupiter und Saturn, die den ganzen Dreck aus dem All gravitativ sammeln, so dass er nicht bei uns landet. Tatsächlich rettet uns Jupiter vor verheerenden Einschlägen.

[Javiers Beitrag „Nature Unbound III; Holozäne Klimavariabilität (Teil A)" Javier 2017). Nature Unbound III; Holocene climate variability (Part A)]

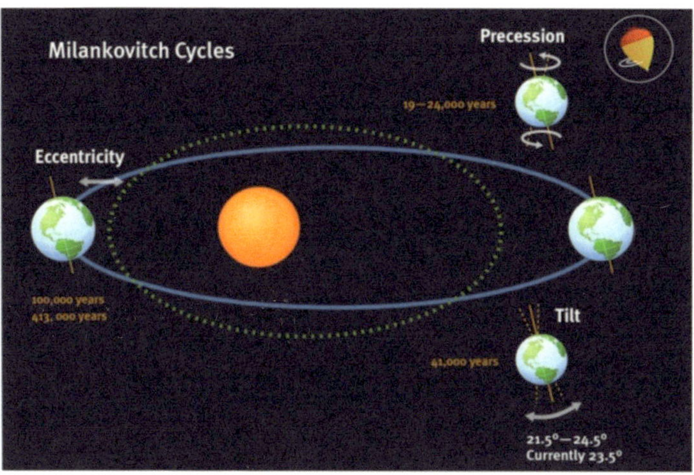

Abbildung 1: Erdparameter zu den Milankovitsch Zyklen: Exzentrizität, Präzession, Neigung [Andy May; wattsupwiththat.com]

Stärke und Struktur des Erd- und Sonnenmagnetfeldes ändern sich fortwährend. Anstoss, Art und Weise wie sie interagieren sind uns nicht zugänglich.

Die Magnetfelder definieren die Pfade der kosmischen Strahlen auf dem Weg zur Erde. Diese Interaktion beeinflusst unser Wetter [Svensmark, et al. 2017] und damit unser Klima. Die Intensität der kosmischen Strahlen, die die Atmosphäre treffen, manifestiert sich in den Konzentrationen der Isotope Beryllium-10 (Be10, in Eiskernen) und Kohlenstoff-14 (C14, in Baumstämmen).

Es wurde festgestellt, dass die Anzahl der Sonnenflecken sowohl mit den durch kosmische Strahlung erzeugten Isotopen Be10 und C14, aber auch mit historischen Klimaveränderungen, also mit globalen Temperatur-Proxies, wie Eiszeitentwicklungen, biologischen Temperatur-Proxies und O18-Proxies korrelieren. Es muss daher angenommen werden, dass Sonnenflecken-aufzeichnungen ein langfristiges Maß für eine signifikante Komponente der Sonnenaktivität sind. Es ist nicht klar, was die Anzahl der Sonnenflecken genau bedeutet, aber was auch immer es ist, es könnte mit dem Klima korrelieren.

Doch welche Hypothese trifft den Klimawandel? Gibt es wichtige Prozesse?

In der Debatte über den Klimawandel geht es um *Wie viel. Wie viel* ist natürlicher Herkunft und basiert auf dem Anteil der Sonnenstrahlung, der auf die Erde fällt.

Man kann in diesem Zusammenhang darüber diskutieren, wie viel die Menschen an fossilen Brennstoffen verbrennen, ebenso wie viel Methangas sie fördern oder produzieren und was das dann auch bedeutet.

Dabei stellen wir fest, dass wir *nicht viel* über *wie viel* wissen.

Zur Hypothese des Treibhausgaseffekts oder CO2-Effekts gibt es inzwischen viele Meinungen. Vor allem gibt es verschiedene Definitionen des *Treibhauseffekts,* die sich bei genauer Betrachtung nicht selten widersprechen.

Sogar die spezifischen Ausprägungen *CO2 GHE* oder *CO2 Enhanced GHE* verschmelzen nicht selten miteinander und verursachen daher Verwirrung. Das IPCC und andere behaupten, dass der CO2-GHE gefährlich sein könnte. Doch wie viele Beweise stützen diese Behauptung?

Douglas Fischer schreibt in Scientific American (Fischer 2009), dass der Ausstoß von Kohlendioxid durch die Verbrennung fossiler Brennstoffe dazu führen könnte, dass sich der gesamte Planet auf eine gefährliche Temperatur erwärmte.

[Fischer: "(Global Climate-) Modelle deuten darauf hin, dass das Versagen, Industrieabgase einzudämmen, die globalen Temperaturen um *vier Grad Fahrenheit* über die heutigen Werte treiben wird - weit über eine Schwelle hinaus, von der viele Wissenschaftler befürchten, dass sie schreckliche Folgen haben werde."]

Die US-amerikanische EPA erklärte in einer Pressemitteilung vom 7. Dezember 2009 (EPA 2009):

„... Die US-Umweltschutzbehörde EPA gab heute bekannt, dass Treibhausgase die öffentliche Gesundheit und das Wohlergehen der amerikanischen Bevölkerung gefährden. Die EPA stellt auch fest, dass Treibhausgasemissionen von Straßenfahrzeugen zu dieser Bedrohung beitragen. Treibhausgase sind der Haupttreiber des Klimawandels, der zu heißeren, längeren Hitzewellen führen kann, die die Gesundheit von Kranken, Armen oder älteren Menschen gefährden. Zunahme der bodennahen Ozonbelastung aufgrund von Asthma und anderen Atemwegserkrankungen; sowie andere Bedrohungen für die Gesundheit und das Wohlergehen der Amerikaner.“

Die EPA nennt dies ihre Gefährdungsfeststellung und listet sechs wichtige Treibhausgase auf: Kohlendioxid, Methan, Distickstoffoxid, Fluorkohlen-wasserstoffe, Perfluorkohlenwasserstoffe und Schwefelhexafluorid, die sie als gefährlich erachten, weil sie die Atmosphäre erwärmen. Weitere Einzelheiten zu ihren Feststellungen enthält ein Aktionsbericht (WPA 2010).

James Hansen (NASA, siehe Fischers oben zitierten Artikel *Scientific American*) sagte einmal: "Wir haben jetzt die volle Verantwortung für das Klima." Er sagte auch: "Wir sind viel mächtiger als die Naturkräfte."

Wir sollen nicht übersehen, dass bodennahe Schadstoffe eminente Auswirkungen auf die Bevölkerung in den Städten haben. Wenn wir von Klima sprechen, sollten wir allerdings dieses lokale Klima unterscheiden vom Global Climate, also vom atmosphärischen Klimaeinfluss.

Wenn das IPCC, insbes. Lacis et al., in der Fachzeitschrift Science schreiben, dass *atmosphärisches CO2 der Hauptkontrollknopf für den Klimawandel ist* [Lacis, et al. 2010; Andrew A. Lacis, NASA Goddard Institute for Space Studies, 2880 Broadway, New York, NY 10025, USA.], dann schadet das dem Ansehen der ganzen Community. Sie sollte am Wohlergehen der Menschheit interessiert sein und nicht nur an oberflächlichen politischen Erfolgen.

In diesem Zusammenhang ist es wichtig darauf hinzuweisen, dass **der Einfluss von Kohlendioxid auf das Erdklima in der Natur niemals gemessen wurde**. Hingegen wurden andere kostspielige Versuche durchgeführt.

Wodurch also legitimiert sich das IPCC zu folgenden Behauptungen:

Der geschätzte Wirkungsbereich der CO2-Verdopplung (*ECS, Gleichgewichtsklimasensitivität*) liegt nach wie vor bei 1,5 ° bis 4,5 ° C, also dort, wo er schon 1979 im Charney-Bericht (Curry 2017) angegeben war. Die Aussagen von Hansen, Lacis et al. und die EPA-Proklamation basieren auf den IPCC-Berichten der Vereinten Nationen (IPCC 2007) und der fünften Bewertung (IPCC 2014), sowie auf den Ergebnissen des Computer-Klimamodells (Johnson 2009).

Die meisten Wissenschaftler, die das Klima untersuchen, betrachten das IPCC der Vereinten Nationen als Quelle für gut überprüfte Daten und Analysen. Daher wird hier ihre Definition des *Treibhauseffekts* aus dem Glossar ihres fünften Berichts wie folgt wiedergegeben:

Das IPCC erklärt wörtlich:

„Die Infrarotstrahlung aller infrarotabsorbierenden Bestandteile in der Atmosphäre. Treibhausgase, Wolken und in geringem Maße auch Aerosole absorbieren die von der Erdoberfläche und anderen Orten in der Atmosphäre emittierte Erdstrahlung. Diese Substanzen emittieren Infrarotstrahlung in alle Richtungen, aber bei sonst gleichen Bedingungen ist die Nettomenge, die in den Weltraum emittiert wird, normalerweise geringer als ohne diese Absorber, da die Temperatur mit der Höhe in der Troposphäre abnimmt und dies Abschwächung der Emission zur Folge hat. Eine Erhöhung der Treibhausgaskonzentration erhöht das Ausmaß dieses Effekts. Der Unterschied wird manchmal als verstärkter Treibhauseffekt bezeichnet. Die Änderung einer Treibhausgaskonzentration aufgrund anthropogener Emissionen trägt zu einem sofortigen Strahlungsantrieb bei. Die Oberflächentemperatur und die Troposphäre erwärmen sich in Reaktion auf diesen Antrieb und stellen allmählich das Strahlungsgleichgewicht am oberen Ende der Atmosphäre wieder her."

Das IPCC unterteilt die Definition daher in zwei Teile:

1 Der *Treibhauseffekt* ist der Einfluss von Treibhausgasen auf die Oberflächentemperatur im allgemeinen, ein Effekt, der scit vielen hundert Millionen Jahren besteht.

2 Der *Verstärkte Treibhauseffekt* ist der zusätzliche Effekt, der durch die Erhöhung der Konzentration von Treibhausgasen verursacht wird, insbesondere CO2.

Neben diesem Mechanismus werden keine anderen Wirkungen zur Erhöhung der durchschnittlichen Oberflächentemperatur der Erde zugelassen, obwohl **gewöhnlicher Wasserdampf nachweislich ein viel stärkeres Treibhausgas ist als CO2** und er Wärmeenergie für lange Zeit als latente Energie speichern kann.

Doch ist mit Wolken kein Geschäft zu machen, wohl aber mit eCars, die die Zufallsenergie der Energiewende aufnehmen sollen. Denn diese will ja niemand haben, wenn er sie nicht gerade zufällig braucht. Doch stellt die Grundlastversorgung eines Landes große Anforderungen an ein Netz:

Ich möchte Strom haben, wenn ich Fernsehen oder die Gans braten will. Aber nicht nachts, wenn zufällig überall ein starker Wind weht und alle in ihren dunklen Zimmern schlafen. Dann brauchen auch die Tschechen von nebenan keinen Strom und wenn die Deutschen ihren überschüssigen Zufallsstrom ins tschechische Netz einspeisen, bringen sie das Netz im Ausland komplett durcheinander:

[https://www.focus.de/finanzen/news/ueberlastetes-stromnetz-tschechen-fluchen-ueber-deutschen-oekostrom_aid_701101.html]

Also blocken die Tschechen die ungebetene deutsche Strom-Einspeisung mit sogenannten Gleichstromkupplungen ab. Einspeisen von Geister-Strom bitte nur dann, wenn du, Kamerad, uns dafür etwas zahlst. Damit bleibt selbst das Verschenken von Strom nicht gratis. Du möchtest ja auch nicht, dass dir jemand eine Tonne Kartoffeln vors Haus kippt und dir bedeutet, das wäre nur gut für dich, weil die Erdfrüchte gratis sind.

Was könnte nach der Ansicht der Deutschen die Lösung für das Abarbeiten des zufälligen Stromüberschusses sein? Richtig, das wären beispielsweise elektrische Nachtspeicherheizungen. Sie würden den Geister-Strom begierig aufnehmen, im Winter fast egal wann er kommt. Wenn der Speicher heiß ist, wird die Stromzufuhr eben abgeschaltet. Doch zu genial für hohe Hirne, die grundsätzlich, Stromheizungen wären grundsätzlich zu teuer. Auch bei geschenktem Strom. Was fällt einem dazu noch ein?!

Also bringen sie einen anderen Lösungsvorschlag vor:

in Deutschland ist es immer das Auto. Also Auto her. Diesel-Motor raus. Elektro-Motor und riesige Lithium-Ionen-Akkus rein. Geladen werden sie wieder mit überschüssigem Geister-Strom. Siehe oben.

An einer der zahlreichen Ladesäulen, die derzeit für überall geplant sind und dann voraussichtlich wieder auf die Fernleitungen warten. Zu den Autobahnen irgendwo in der Pampa oder bis in den dritten Stock einer eCar Kommune. So wollen die Norddeutschen ihren Strom aus der Nordsee loswerden, nachdem man vor einigen Jahren unmittelbar nach Errichtung der Windkraftwerke festgestellt hat, dass dieser bis zu seiner Anforderung in der Industrie oder in den Haushalten nicht auf einer Warteschleife im Internet herumkurven kann.

Wo und wie die Batterien von eCars einmal entsorgt werden, wenn beispielsweise diese samt Batterien abgebrannt sind, ist heute keineswegs klar. Interessant ist, was neulich nach einem Unfall geschehen ist: Das Auto und die Batterien sind ausgebrannt. Mangels eines Entsorgungskonzepts der Hersteller lagerte das Wrack samt seiner ausgebrannten und dann tagelang gekühlter Batterien über 6 Wochen auf dem Parkplatz einer kleinen Firma in Tirol.

Nach dem Ausflug in den Abenteuerspielplatz kehren wir zu unserem Spurengas zurück.

Im Gegensatz zu Wasserdampf ist Kohlendioxid bei normalen Temperaturen ein nicht kondensierendes Gas. Es strahlt daher aufgenommene Energie sofort ab. Diese Energie kann einen benachbarten kälteren Körper durch Wärmeübertragung erwärmen. Sie kann andere Moleküle anregen, deren Arbeit dann durch Wind- oder Strombewegung ausgeführt wird. Eine solche Bewegung von Massen kann einem Objekt, zum Beispiel der Erdoberfläche, Wärmeenergie hinzufügen oder entziehen.

Der Nettoeffekt zusätzlicher Treibhausgase besteht lediglich darin, die natürliche Abkühlung der Erdoberfläche in den Weltraum zu verlangsamen.

Ein weiteres Zitat von Lacis et al. führt die Argumentationslinie des IPCC AR5 so unverständlich weiter (Lacis et al. 2010), wie sie begonnen hat:

„Die Differenz zwischen der nominalen globalen mittleren Oberflächentemperatur (T_S = 288 K [= 15 $^\circ$ C]) und der globalen mittleren effektiven Temperatur (T_E = 255 K [= -18 °C]) ist ein gängiges Maß für den terrestrischen Treibhauseffekt (G_T = T_S - T_E = 33 K). Unter der Annahme einer globalen Energiebilanz ist T_E auch die Temperatur des Planck-Strahlungs-äquivalents zu 240 W/m^2 der globalen mittleren Sonnenstrahlung, die von der Erde absorbiert wird."

Die Temperatur, die Lacis et al. als T_E bezeichnen, entspricht einer theoretischen Schwarzkörpertemperatur: wenn wir also annehmen, die Erde wäre ein schwarzer Körper, so strahlte sie so viel Strahlung aus, wie sie empfänge und wäre damit ein perfekter Energieabsorber. Als Schwarzer Strahler hätte sie eine konstante Temperatur und befände sich im thermischen Gleichgewicht mit ihrer Umgebung.

Die Annahme von Lacis et al., die Erde wäre ein schwarzer Körper, der ohne Treibhausgase 240 W/m^2 emittierte und empfänge, ist allerdings unrichtig: Die Erde ist kein Schwarzer Körper; sie ist farbig und physikalisch bestenfalls ein *Grauer Körper*.

Überdies ist sie eine rotierende Kugel, in der riesige Ozeane zirkulieren: in der Nähe ihrer Oberfläche speichern sie den größten Teil der Wärmeenergie des gesamten Planeten.

Obwohl die Annahme des Schwarzen Körpers falsch ist, wird sie immer wieder als Instrument zur Berechnung des Treibhauseffekts herangezogen. Derart wird eine Legende konstruiert, um Wissen über einen Treibhauseffekt vorzutäuschen und damit so zu tun, als wüssten wir sicher, dass er existiert, was er ist und wie groß er ist.

Doch nichts könnte weiter von der Wahrheit entfernt sein. Wir wissen nichts über die Dynamik unserer komplexen Kugel und erst recht nichts über einen inexistenten Effekt.

Und so halten sich hartnäckig folgende Behauptungen:
„Zahlreiche physikalische Belege zeigen, dass Kohlendioxid (CO_2) das wichtigste klimarelevante Treibhausgas in der Erdatmosphäre ist. Dies liegt daran, dass CO_2 wie Ozon, N_2O, CH_4 und Fluorchlorkohlenwasserstoffe bei aktuellen Klimatemperaturen nicht kondensiert und aus der Atmosphäre ausfällt, wohingegen Wasserdampf dies kann und tut. Nicht kondensierende Treibhausgase, die 25 % des gesamten terrestrischen Treibhauseffekts ausmachen, dienen somit dazu, die stabile Temperaturstruktur zu schaffen, die die gegenwärtigen Niveaus von atmosphärischem Wasserdampf und Wolken über Rückkopplungsprozesse aufrechterhält, die die verbleibenden 75 % des

Treibhauseffekts ausmachen. Ohne den durch CO2 und die anderen nicht kondensierenden Treibhausgase verursachten Strahlungsantrieb würde das terrestrische Treibhaus einstürzen und das globale Klima in einen eisgebundenen Erdzustand versetzen."

[Andrew A. Lacis,*Gavin A. Schmidt, David Rind, Reto A. Ruedy: Atmospheric CO2: Principal Control Knob Governing Earth's Temperature; Science 15 October 2010 Vol 330, 356 – 359]

Auf andere Ursachen der Temperaturverläufe und ihre Wirkung auf unsere Erde gehen wir nachfolgend ein. Wir werden zeigen, dass die Sonne die tragende Rolle spielt.

5 Wie die Sonnenbeobachtung funktioniert

Als wichtigster Himmelskörper für irdisches Leben genoss die Sonne bereits vor der Geschichtsschreibung aufmerksame Beobachtung durch den Menschen und so werden wir sie mit den modernsten Mitteln und Verfahren beobachten.

Kultstätten wie Stonehenge wurden errichtet, um Position und Lauf des Gestirns zu bestimmen, insbesondere die Zeitpunkte ihres Wieder-Erscheinens: der Sonnenwenden. Die Menschen wussten natürlich, dass die Sonne lebenswichtig war. Sonnenwenden, in denen die Sonne wieder Tag um Tag höher zu steigen begann, nahmen den Menschen die Angst, dass ihr Stern vielleicht erkaltet wäre, oder sogar irgendwann nicht wiederkehren würde.

Um das zu verhindern, waren den Menschen kein Aufwand und kein Opfer zu groß.

Es wird vermutet, dass noch ältere Stätten als Stonehenge zur Sonnenbeobachtung benutzt wurden. Viele Kulturen hatten den täglichen Gang der Sonne, seine jahreszeitlichen Veränderungen und vor allem die Sonnenfinsternisse sehr aufmerksam beobachtet, vermessen und dokumentiert.

Aufzeichnungen aus China belegen die Beobachtungsergebnisse heftiger Sonnenfleckentätigkeit. Sie können mit bloßem Auge beobachtet werden, wenn die Sonne tief am Horizont steht und das Sonnenlicht bei seiner Passage durch die dichte Erdatmosphäre gefiltert wird.

Auch in Europa hatte man Sonnenflecken schon früh wahrgenommen, sie allerdings für *atmosphärische Ausdünstungen* gehalten. Dann führte die Entwicklung zu einer systematischen Erforschung des Phänomens. 1610 hatten Galilei und Thomas Harriot die Flecken erstmals mittels eines Teleskops beobachtet.

1611 schrieb Johann Fabricius in einer wissenschaftlichen Abhandlung die beobachtete Wanderung der Flecken auf der Sonnenscheibe einer Eigenrotation der Sonne zu.

Da der Schweif von Kometen immer von der Sonne abgewendet ist, postulierte Johannes Kepler 1619 einen Sonnenwind und 1775 vermutete Christian Horrobow, dass die Sonnenflecken periodisch aufträten.

1802 wies William Hyde Wollaston erstmals dunkle Linien (Absorptionslinien) im Sonnenspektrum nach. Ab 1814 untersuchte Joseph von Fraunhofer die Linien (*Fraunhoferlinien*). 1868 fand Jules Janssen während einer Sonnenfinsternis eine Linie des damals noch unbekannten *Heliums*, das seinen Namen nach dem griechischen Namen der *Sonne* erhielt.

1843 publizierte *Samuel Heinrich Schwabe* seine Entdeckung eines Zyklus der Sonnenfleckenaktivität. 1849 wurde die *Sonnenfleckenrelativzahl* eingeführt, welche Anzahl und Größe der Sonnenflecken in Beziehung setzt. Seither werden die Flecken regelmäßig beobachtet und gezählt.

1889 entwickelte George Ellery Hale den Spektroheliographen. Henry Augustus Rowland vollendete 1897 einen Atlas des Sonnenspektrums, der sämtliche Spektrallinien enthielt. 1908 entdeckte Hale die Aufspaltung von Spektrallinien im Bereich der Sonnenflecken durch magnetische Kräfte (*Zeeman-Effekt*). 1930 konnte Bernard Ferdinand Lyot die Sonnenkorona außerhalb einer totalen Finsternis beobachten.

1960 beobachtete der US-amerikanische Physiker Robert B. Leighton die Schwingung der Photosphäre und erkannte, dass es sich um eine Oszillation der Sonnenoberfläche handelte. Er veröffentlichte seine Erkenntnisse und begründete damit die *Helio-Seismologie* als ein neues Teilgebiet der Astronomie (griechisch *Helios* für Sonne und *Seismologie* für die Ausbreitung von Wellen in Festkörpern).

Als wissenschaftlicher Zweig der solaren Astrophysik und interdisziplinäres Forschungsgebiet analysierte es nunmehr die Eigenschwingung der Sonne und gewann daraus Erkenntnisse über ihren inneren Aufbau.

[https://de.wikipedia.org/wiki/Helioseismologie]

Franz-Ludwig Deubner, Mitarbeiter am Fraunhofer-Institut für Sonnenphysik, bemerkte 1967 bei der Beobachtung der Sonnenoberfläche am Schauinsland-Observatorium eine rhythmische Bewegung mit einer Periode von etwa fünf Minuten, die er zunächst für einen Nachführfehler seines Teleskops hielt.

Mittels verschiedener erdbasierter Beobachtungen und durch Raumsonden wie SOHO konnte dann die *Grundperiode der Eigenschwingung der Sonne* recht genau mit etwa fünf Minuten ermittelt werden.

Die Analyse der Beobachtungs- bzw. Schwingungsdaten erlaubt genaue Rückschlüsse auf verschiedene physikalische Kenngrößen der Sonne, zum Beispiel auf die Ausbreitungsgeschwindigkeit von Schall im Inneren.

Die Analyse ermöglicht die Verteilung von Temperatur und magnetischen Feldern unter der Oberfläche bildlich darzustellen.

Neuen Erkenntnissen zufolge ist die Eigenschwingung mit den 1877 entdeckten überschallschnellen Plasmajets an der Sonnenoberfläche korreliert. Im Regelfall werden die Schallwellen im Inneren der Sonne gebremst. Gelegentlich erreichen sie die Oberfläche und sorgen dann für einen Materieauswurf. Dabei wird Plasma mit bis zu 80.000 km/h bis zu 5000 km hochgeschleudert.

Schon 1942 hatte James Hey die Sonne als Radioquelle identifiziert. 1949 hatte Herbert Friedman die solare Röntgenstrahlung nachgewiesen.

Zur Messung der Sonnenneutrinos wurden riesige unterirdische Detektoren errichtet. Die Diskrepanz zwischen dem theoretischen und tatsächlich gemessenen Neutrinofluss führte seit den 1970er Jahren zum sogenannten *Solaren Neutrinoproblem*, denn es konnte nur etwa ein Drittel der erwarteten Neutrinos detektiert werden.

Entweder war also das Sonnenmodell falsch und der erwartete solare Neutrinofluss wurde überschätzt oder Neutrinos wandelten sich auf dem Weg zur Erde in eine andere Art um (*Neutrino-Oszillation*). Erste Hinweise für solche Oszillationen wurden im Jahr 1998 am japanischen Super-Kamiokande gefunden und inzwischen bestätigt.

Für die Beobachtung der Sonne wurde eine Reihe von Satelliten in eine Erdumlaufbahn geschickt. Damit können insbesondere Wellenlängenbereiche untersucht werden (Ultraviolett, Röntgenstrahlung), die von der Erdatmosphäre absorbiert werden. Schon die 1973 gestartete Raumstation Skylab hatte ein Röntgenteleskop an Bord.

Mit Hilfe von Raumsonden versuchte man der Sonne näherzukommen, um ihre Umgebung zu studieren. Dies ist aufgrund sehr hoher Temperaturen und intensiver Strahlung ein technisch äußerst anspruchsvolles Unterfangen. Immerhin konnten sich die 1974 und 1976 gestarteten, deutsch-amerikanischen Helios-Sonden der Sonne bis auf 43,5 Millionen Kilometer nähern.

Die Raumsonde *Ulysses* war 1990 gestartet, um die Pole der Sonne zu studieren. Diese sind weder von der Erde noch von Raumsonden aus sichtbar, welche sich in der Planetenebene bewegen. Das ist nur mit einer Raumsonde möglich, die sich in einer relativ zur Planetenebene steil geneigten Bahnebene bewegt. Zu diesem Zweck flog Ulysses am Planeten Jupiter vorbei, um mit Hilfe seiner Schwerkraft die Planetenebene in einem tangentialen Swing-by-Manöver zu verlassen.

Derart konnte die Sonde beide Pole der Sonne zweimal überfliegen.

Die wissenschaftliche Mission von Ulysses umfasste unter anderem die Sonnenkorona, den Sonnenwind, das Sonnenmagnetfeld, solare Plasmawellen, kosmische Strahlen, sowie zahlreiche Messungen beim Jupiter-Vorbeiflug 1992.

Ulysses war die erste Sonde, die aus der Planetenebene hinaus über die Pole der Sonne flog und dort Magnetfelder sowie den Sonnenwind in Abhängigkeit von solarer Höhe und Breite vermaß. Dank ihrer unerwartet langen Lebensdauer war dies sowohl in Phasen geringer, als auch hoher Sonnenaktivität möglich.

[https://de.wikipedia.org/wiki/Ulysses_(Sonde)]

[https://www.dlr.de/rd/desktopdefault.aspx/tabid-2448/3635_read-5406/]

1995 wurde die Sonde *SOHO* zur Sonne gestartet. Sie war in Europa gebaut und am 2. Dezember 1995 mit einer Atlas-II-AS-Rakete von der Cape Canaveral Air Force Station gestartet worden. Sie beobachtet die Sonne mit zwölf verschiedenen Instrumenten und sendet täglich Aufnahmen. Damit liefert sie wesentliche Daten zur Vorhersage von Sonneneruptionen und -stürmen.

1998 folgte der Satellit TRACE zur Unterstützung von SOHO. SOHO befindet sich in einem Halo-Orbit mit 600.000 km Radius um den *Lagrange-Punkt* L1 in einer Entfernung von ca. 1,5 Millionen Kilometern zur Erde. In diesem Orbit hat sie wegen identischer Sonnen-, Erdanziehungs- und Fliehkraft die gleiche Umlaufzeit um die Sonne wie die Erde und ist damit an diesem Gleichgewichtspunkt ohne Energieaufwand in stabiler Position. Von der Erde aus gesehen steht sie natürlich immer in der Nähe der Sonne und doch ist sie dabei in einer Position, von der aus der Funkverkehr zur Erde durch die Sonnenstrahlung nur minimal gestört wird.

2003 fiel einer der Ausrichtungsmotoren der Hauptantenne aus. Durch Aufzeichnen der Daten in der Sonde, verbesserte Datenkompression und Nutzung größerer Empfangsantennen auf der Erde konnten die Daten ohne nennenswerte Beeinträchtigungen über die Low-Gain-Ersatzantenne übertragen werden.

Die kritischste Situation trat nach zweieinhalb Jahren auf, als man am 25. Juni 1998 während normaler Bahnmanöver der Kontakt zur Sonde verlor. Eine Wiederaufnahme der Funkverbindung misslang zunächst, so dass die Sonde verloren schien. Erst mit Hilfe der Radioteleskope in Arecibo (305 m Durchmesser) und Goldstone (70 m) gelang es am 3. August 1998 SOHO zu lokalisieren und den Kontakt mit Hilfe des Deep Space Networks wieder herzustellen.

Es folgte eine langwierige und schwierige Reaktivierungsprozedur. Letztlich war die Sonde am 5. November 1998, also 133 Tage nach dem Kommunikationsabbruch, wieder vollständig einsatzbereit.

SOHO war nach wie vor ein Flaggschiff der Sonnenforschungssonden. Die Mission wurde daher bis Dezember 2020 verlängert.

[https://de.wikipedia.org/wiki/Solar_and_Heliospheric_Observatory]

2001 war die *Genesis-Raumsonde* gestartet und hatte kurz darauf Position im Lagrangepunkt L1 bezogen, um dort 2,5 Jahre lang Proben des Sonnenwindes zu sammeln. Sie sollten anschließend zur Erde gebracht und damit die genaue Isotopenzusammensetzung des Sonnenwindes ermittelt werden.

Im September 2004 trat die Kapsel mit den Proben in die Erdatmosphäre ein, sie schlug jedoch aufgrund eines nicht entfalteten Fallschirms wegen eines falsch montierten Beschleunigungssensors hart auf der Erde auf. Doch hatten einige Proben den Aufprall überstanden und konnten analysiert werden: laut NASA waren Teile der Kollektoren intakt geblieben. Die geborgenen Überreste des Kollektoren-Behälters wurden in einem Reinraum mit verschiedenen Methoden untersucht. Problematisch waren die geringe Menge (ca. 3 – 4 Mikrogramm) und die geringe Eindringtiefe der eingefangenen Sonnenpartikel (10 Nanometer). Doch konnten die Atome von der Sonne von ihren irdischen Verunreinigungen getrennt und Teilchen des Sonnenwindes eindeutig isoliert werden.

Damit wurde bewiesen, dass die Sonne wie die Gasplaneten eine deutlich andere Isotopenverteilung hat, als die inneren Planeten.
[https://de.wikipedia.org/wiki/Genesis_(Sonde)]

Wissenschaftliche Ziele waren das Verständnis der Ursachen und der Mechanismen der koronalen Masseauswürfe (*coronal mass ejections*, CME), die Beschreibung ihrer Ausbreitung in der Heliosphäre, die Erklärung der Mechanismen und die Stellen der Beschleunigung der Partikel in der unteren

Korona und im interplanetaren Raum, sowie die Ermittlung der genauen Struktur des Sonnenwindes.

Durch die hohe Stabilität der Kameras waren die gesammelten Daten auch für andere astronomische Zwecke von Nutzen. So wurden über hundert Doppelsterne entdeckt.

Am 26. Oktober 2006 starteten die beiden STEREO-Raumsonden. Sie lieferten die ersten dreidimensionalen Bilder der Sonne und ihrer Umgebung. Dazu wurde eine Sonde im Lagrangepunkt L4 stationiert. Eine im Lagrangepunkt L5.

Am 6. Februar 2011 passierten die Sonden ihre gegenseitige Opposition: am 1. Juni 2011 wurden erstmals Aufnahmen gemacht, aus denen sich ein vollständiges Bild der erdabgewandten Sonnenseite zusammensetzen ließ. 2015 befanden sich beide Sonden auf der erdabgewandten Seite der Sonne.

Am 1. Oktober 2014 war der Kontakt zur Sonde STEREO B nach einem geplanten Neustart der Software verloren gegangen. Möglicherweise hatten die Sensoren, welche die Orientierung der Sonde im Raum feststellen sollten, fehlerhafte Werte geliefert. Beim Versuch die falsch gemeldete Lageabweichung mit den Steuertriebwerken zu korrigieren, muss die Sonde in Rotation geraten sein. Deshalb waren dann wohl weder die Antenne zur Erde ausgerichtet, noch die Solarpanele zur Sonne.

Doch am 21. August 2016 konnte der Kontakt zu STEREO B überraschend wieder hergestellt werden. Er ist seither intermittierend vorhanden. Informationen über den Ladezustand der Batterien, die Position im Raum und die Rotationsrate zeigen an, dass die Sonde funktionsfähig ist. Die Missionsbetreiber versuchen sie also schrittweise wieder in Betrieb zu setzen, was aber Jahre dauern kann.

Am 11. Februar 2010 startete die NASA das Solar Dynamics Observatory (SDO) als SOHO-Nachfolger. SDO dient der Erforschung der dynamischen Vorgänge der Sonne und beinhaltet die Instrumente EVE (Messung der extrem-UV-Strahlung), HMI (Erfassung helioseismischer und magnetischer Aktivitäten) und AIA (hochauflösende Erfassung der Sonnenatmosphäre in verschiedenen Wellenlängenbereichen).

Für das Jahr 2017 plante China den Start von insgesamt drei Raumsonden, die in der Forschungsmission KuaFu der Chinesen das Sonne-Erde-System genauer untersuchen sollten. Er wurde allerdings auf unbestimmte Zeit verschoben.

[https://de.wikipedia.org/wiki/STEREO]

2018 startete die NASA die Raumsonde *Parker Solar Probe,* die sich der Sonnenoberfläche bis auf 8,5 Radien (etwa 6 Millionen Kilometer) nähern und klären soll, durch welchen Mechanismus die Korona auf bis zu fünf Millionen Grad aufgeheizt wird, obwohl die Temperatur der sichtbaren Sonnenoberfläche nur etwa 5500 °C beträgt und wodurch die Teilchen des Sonnenwindes beschleunigt werden.

Für Februar 2020 plant die Europäische Weltraumorganisation (ESA) den Start der Raumsonde Solar Orbiter, die sich der Sonne bis auf 0,28 astronomische Einheiten (etwa 40 Millionen Kilometer) nähern soll. Dabei sollen vor allem die sonnennahe Heliosphäre, die Sonnenatmosphäre und die Entstehung des Magnetfeldes der Sonne untersucht werden.

Mit diesen Forschungsaktivitäten werden wir weiteres über unseren Stern erfahren, der uns leben lässt und dieses Wissen können wir in unsere weiteren *Betrachtungen zum Klima,* seiner Einflüsse und seiner Entwicklung einbauen.

Schon jetzt lässt sich feststellen, dass mit dem Wissen um die entscheidende Wirkung der Sonne auf unser gesamtes Planetensystem das erste Fazit unserer bisherigen Handlungen folgendes sein muss:

> Wir Menschen meinen, unser Klima mit allen Mitteln retten zu müssen. Die gewaltige Wirkung der Sonne auf unser Klima können wir jedoch nicht im mindesten beeinflussen. Daher versuchen wir ihre Wirkung als *unzureichend* festzulegen und sie damit als Störfaktor unserer Klima-Diskussionen fernzuhalten.

> Das sollten aber wir keinesfalls tun, sondern wir sollten uns unserer intellektuellen und künstlerischen Rolle im Universum bewusst sein und uns nicht etwas anmaßen, was fernab unserer Möglichkeiten liegt.

6   Die Klimadynamik der Sonne

Wetter und Klima auf der Erde werden neben zahllosen anderen Einflüssen durch die Einstrahlung der Sonne, und durch die Atmosphäre und die Topographie der Erde bestimmt.

Die Sonne ist dabei bei weitem der wichtigste Faktor.

Die Einflüsse auf der Erde sind die Entfernung zu großen Gewässern, insbesondere den Ozeanen, die Höhen-, Süd- oder Nordlagen, es sind die Wolken, welche einen großen Einfluss haben. So bestimmen alle diese Parameter Anteil und Qualität der Energie, die von der Sonne kommend auf der Erdoberfläche eintrifft: im Sommer, im Winter, bei klarem Himmel oder bei Bewölkung, in Stadtbereichen, in Wüsten, in den Feuchtgebieten der Tropen, in der Nähe von Meeresströmungen.

Welchen Einfluss wir in und von der Atmosphäre entdeckten, zu entdecken glauben oder ihr meinen zuordnen zu müssen - überall auf unserer Erde ist die Sonne im Spiel. Sie ist die Dominante und es ist vor allem erwiesen, dass sie – wie man das schon lange vor unserer Zeit wusste – ihre Energie in Zyklen aussendet.

Und dies ist keineswegs ein unwichtiger Punkt.

Ihre Strahlungsenergie ist beispielsweise getriggert im *Schwabe-Zyklus:* Die Energieaussendung variiert dabei mit einer Periode von 11 Jahren. In seiner Einzelwirkung nur scheinbar geringfügig, ist dieses Faktum entscheidend, wenn mehrere Zyklen interferieren. Aus welchen Gründen auch immer wird es nicht gebührend beachtet.

Neuerdings wissen wir, dass es auch Zyklen mit deutlich längeren Perioden gibt. So sind es beim *AMO PDO*–Zyklus 65 Jahre, beim *Gleisberg-Zyklus* 80 Jahre und beim *De Vries*-Zyklus 210 Jahre.

Betrachten wir ihn: der *De Vries-Zyklus oder De Vries-Effekt* (benannt nach Hessel de Vries), gelegentlich auch *Suess-Zyklus* (nach Hans E. Suess) beschreibt den Zusammenhang zwischen Sonnenstrahlung und C14-Produktion.

Mit Hilfe der Analyse unregelmäßiger Zyklen zwischen 100 und 200 Jahren kann die Verbindung mittelfristiger Schwankungen des C14-Gehalts und der

Sonnenfleckenzahl hergestellt werden. Je mehr Sonnenflecken, desto weniger C14. Je geringer die Aktivität der Sonne (z. B.: 17. – 18. Jh.), umso mehr C14.

Neben diesem Effekt wird die Produktion des C14 auch durch das geomagnetische Feld beeinflusst. Schwankungen des atmosphärischen C14/C12-Verhältnisses weisen uns darauf hin, dass die Radiokohlenstoffmethode kalibriert werden muss, um ihre volle Genauigkeit zu erreichen.

De Vries geboren am 15. November 1916 in Annen, war ein niederländischer Biophysiker, der nicht nur durch die Entwicklung der C14-Methode zur Altersbestimmung organischer Substanzen bekannt wurde, sondern auch durch sein bemerkenswertes Lebensende.

De Vries hatte Mathematik und Physik an der Reichsuniversität Groningen studiert, promovierte 1942 mit Auszeichnung und arbeitete an dieser Universität in der Propädeutischen Physik für Medizinstudenten. In dieser Zeit begann er sich verstärkt mit Biophysik auseinanderzusetzen. Über den in Groningen lehrenden Archäologen Albert van Giffen erkannte de Vries die Möglichkeiten der von Willard Libby entdeckten C14-Methode und entwickelte diese weiter. 1954 wurde er ordentlicher Professor an seiner Universität.

Im Jahr 1956 wurde De Vries Mitglied der Königlich Niederländischen Akademie der Wissenschaften. Zwei Jahre später war er wissenschaftlicher Mitarbeiter an der Carnegie Institution for Science in Washington, D. C. geworden. Am 23. Dezember 1959 tötete er zuerst seine Assistentin Anneke Hogeveen, nachdem sie eine Beziehung mit ihm abgelehnt hatte, und dann sich selbst.

Die Sonne scheint also keineswegs gleichmäßig, sondern sie beglückt uns mit ihrer modulierten Strahlung wie es ihr passt. Freilich merken wir mit unseren ungeeigneten Sensoren in unserem kurzen Leben nichts von diesen Schwankungen. Eher dass es im Sommer warm und im Winter kalt ist. Ähnliches gilt für die Breitengrade der Erde, also den Äquator, die Wendekreise und die Pole, Tag und Nacht, für Zonen nahe am Meer oder in großer Ferne davon, für die Höhen der Gebirge oder geschützte Täler.

So hat jede Zone ihre typischen klimatischen Merkmale.

Erst wenn wir uns eingehend mit diesen Zusammenhängen befasst haben, wenn wir sie aufgezeichnet und dokumentiert haben, werden wir erkennen welche Temperatur- und Strahlungseinflüsse uns die Sonne spezifisch direkt übermittelt, in welcher Intensität und welcher Art. Wesentlich aber ist, dass ihre

Einflüsse nicht über die ganze Zeit gleichmäßig zu uns kommen, sondern eben mit Schwankungen – in Zyklen, in zeitlichem Wechsel.

Dies ist ihr Geheimnis. Ein Geheimnis, das uns den ständigen Klimawandel beschert und nachweislich über 2500 Jahre vorher schon beschert hat. Er ist über Proxi-Daten dokumentiert schon in jener Zeit, noch bevor der Mensch in seiner Art Aufzeichnungen machte. Man sollte als nicht ständig von einem Beginn der Wetteraufzeichnungen sprechen und damit Zettel meinen, auf denen jemand Temperaturen aufgeschrieben hat, die er auf irgendwelchen Thermometern abgelesen hat. Egal wo sie hingen.

Welcher Beginn von welchen Aufzeichnungen ist also gemeint? Doch nicht jener, wo der Mensch auch begonnen hat, mit der Dampfmaschine Rauch in die Luft zu blasen. Denn schon lange vorher hatte die Sonne das Klima wesentlich stärker beeinflusst, als wir das je im Rahmen der sogenannten Industriellen Revolution imstande waren.

Freilich hatten wir inzwischen nicht mit der Erzeugung und dem Wegwerfen völlig unnützer Produkte gespart, doch hat das mit dem Einfluss auf das Klima recht wenig zu tun. Wir sollten jedoch nicht jene Ereignisse vergessen, die der Erde erheblich stärker zugesetzt haben, als wir das mittlerweile mit allen Autos, Flugzeugen und Schiffen vermocht haben. Denken wir vielleicht einmal an Vulkanausbrüche, Erdbeben und Meteoriteneinschläge.

Also wozu diese moderne Hysterie unserer durch und durch saturierten Gesellschaft!

Was war denn bisher vorgegangen:

Die Sonnenzyklen – vier davon hatten wir vorhin genannt – wirken nicht getrennt voneinander, sondern ununterbrochen und daher gleichzeitig, doch in unterschiedlichen Frequenzen und Amplituden, und derart überlagern sie sich auch fortwährend. Die Physiker nennen das *Interferenz*. Bei Interferenzen aber, ob es nun jene von Sonnenzyklen sind oder solche von Meereswellen, kann stets Überraschendes passieren. So könnten ähnlich wie bei Meereswellen hohe Amplituden auftreten. Natürlich mit völlig anderen Frequenzen. Zehn oder fünfzig oder hundert Jahre und nicht zehntel Sekunden, wie im Wasser. Auch wenn die Mechanismen völlig unterschiedlich zu sein scheinen, weil sie im Meer fluidischer Natur sind, in der Sonne hingegen elektromagnetischer, sind sie in ihren grundsätzlichen physikalischen Möglichkeiten ähnlich.

So können sich Wellen entsprechend ihren Phasenlagen und Amplituden gegenseitig schwächen oder verstärken. Denken wir doch an die Kaventsmänner, die mitten im Ozean scheinbar aus dem Nichts auftauchen und große Schiffe versenken. Es sind die Interferenzeffekte, in denen sich Wellen gegenseitig aufschaukeln, auch wenn sie vorher als Gesamtheit harmlos wirkten, weil die Meeresoberfläche noch scheinbar glatt war.

In anderen zeitlichen Größenordnungen läuft die Überlagerung langwelliger Sonneneffekte. Ihre Frequenzen liegen im Bereich mehrerer oder sogar vieler Jahre. Astronomische Längen und Geschwindigkeiten aber entziehen sich menschlicher Wahrnehmung und so finden sie in unserem Erfahrungsspektrum und erst recht nicht in unserer praktischen Umsetzung einen geeigneten Platz. Astronomische Wirkungen nehmen keine Rücksicht auf uns, nicht auf unsere Gewohnheiten, Ängste und Befindlichkeiten, und weil sie uns so fremd sind, klammern wir uns an Bekanntes und Gewohntes. An klassische Temperaturveränderungen, an das bisschen Regen, den Schnee und den warmen Wind. Schon ein lächerlicher Tornado kann uns töten und was die Sonne auf Lager hat, liegt daher weit außerhalb solcher Wirkungen. Seien wir ehrlich, wir haben keine Ahnung, was da draußen vorgeht, nur ein paar Daten und einige Differentialgleichungen beschreiben uns diese *Wirklichkeit*.

In Sonnenzyklen verstärken oder schwächen sich die Amplituden unterschiedlicher Zyklen gegenseitig und je nach Phasenlage, langsam und erbarmungslos und nach mehreren kalten Jahren oder Jahrzehnten, kann sich die Temperatur auf unserer Erde innerhalb kurzer Zeit derart ändern, dass wir meinen, es stünde eine Hitzeperiode umittelbar bevor, in der alles verbrennen und vertrocknen wird, oder gar eine Kältewelle, die uns einfrieren und auf konträre Weise ruinieren wird.

Wir sollten auf alles vorbereitet sein. Es wird nicht so schnell geschehen, wie wir es uns denken, und doch könnte es für uns recht unangenehm werden. So denken wir. Vielleicht wie ein großer Krieg? Eine volle Erwärmung und erst recht eine solche Abkühlung. Sie können uns freilich beanspruchen und vor allem kennen wir die Richtung nicht und wir können sie nur mit sehr großer Unsicherheit voraussagen.

Ein Klimawechsel kann jedoch mehrere Generationen dauern und wir können nur abwarten, wohin die Reise geht, denn wir haben objektiv keine Chance etwas abzuwenden. In keiner Richtung. So blöken wir unsere Sonnenkollektoren und unsere Windräder an, seit man uns versichert hat, wir brauchten sie um das Klima zu schützen. Wir sollten solchen Unsinn nicht glauben, es wäre eine kindliche Illusion und würde zudem unsere physischen und psychischen Ressourcen jetzt schon unsinnig strapazieren. Wir brauchen etwas von ihnen, um irgendwann den nächsten Klimawandel lässig durchzustehen. Nicht alle Inseln in den Ozeanen werden untergehen. Schon gar nicht der Kölner Dom. Wir sollten versuchen uns vernünftig anzupassen. Die Zugvögel machen uns das jetzt schon vor. Manche von ihnen bleiben einfach hier.

Keinesfalls wird ein Klimawandel schrecklich werden. Das erzählen uns nur die Zeitungen und alle anderen, die mit der Vermeidung von CO2 eine Menge Geld verdienen. Mit dem geplanten CO2-Steuerbetrug. Um an dieses Geld heranzukommen, erzählt man uns, dass wir sofort etwas dagegen unternehmen müssten, andernfalls es zu spät sein. Wir sollten uns einmal kritisch fragen, wogegen wir etwas unternehmen wollen: gegen die Temperatur, gegen den Wind, die Luftfeuchtigkeit? Und wie soll das geschehen? Mit einer CO2-Steuer? Doch nicht wirklich!

Wir sind der Natur schonungslos ausgeliefert. Ob wir nun Diesel-Autos fahren oder solche mit Strom aus der Steckdose, ob wir diesen Strom in CO2-freien Kernkraftwerken erzeugen – was ökologisch bald unvermeidbar sein wird – oder indem wir dazu weiterhin Öl, Kohle oder Gas verbrennen und unverantwortlich viel CO2 erzeugen, zumindest nach den Anklagen grüner Politiker, ob wir Flüsse stauen oder Wasser auf Berge pumpen, wiederum mit Strom, wir Windräder aufstellen, gegen die sich zunehmend Legionen von Gärtnern und Villenbesitzern formieren werden. Und natürlich auch Vogelschützer, auch wenn der Bund mittlerweile der grünen Energielobby untersteht. Oder ob wir es gar bis in den tiefen Winter hinein mit den bescheuerten Sonnenkollektoren probieren, die gerade in den heißen Mittelmeerländern ein Fremdwort sind.

Irgendwoher muss der Strom jedenfalls kommen. Im Krisenfall kommt er aus dem Internet. So denken Wähler, denen bei *Strom* immer Überschwemmung einfällt oder der kalte Kaffee aus dem Automaten.

Müssen wir also nun CO2 vermeiden und wenn ja, wie? Durch Energie aus der Sonne oder vom Wind oder indem wir uns alle vegan ernähren. Oder sollen wir weiterhin unsere Steaks verzehren und dann gnadenlos CO2 pupsen? Und wie denkt der Weinhauer über sein zukünftiges Lebensmodell, wenn er aus Zucker Alkohol und CO2 macht! *Was wird aus mir?* Und er wird fragen, wer an diesem ganzen Scheiß verdient und dabei aus seiner landesweit gut gehenden GmbH einen Pleiteladen macht. Das sollte eine ehemalige Weinkönigin verstehen, insbesondere wenn sie inzwischen zur Landwirtschaftsministerin avanciert ist.

Es werden Phantasiekonzepte jongliert, die angeblich unser aller Leben schützen und verlängern werden, es dann aber sogar verkürzten, wenn wir irgendeinen entscheidend ungünstigen Einfluss übersehen haben sollten. So werden wir alle irgendwann erkennen, dass die nachhaltigen Subventionen für die sogenannten Erneuerbaren Energien die größten Klimaschädlinge sind. Noch getraut sich das niemand zu sagen. Subventionen nämlich treiben jene Kraftwerke der Energiewende an, die keine sind, weil sie Zufallsenergie produzieren, die nicht danach fragt, ob man sie braucht, sondern einfach da ist. Physiker nennen solche Konstrukte *Perpetua Mobilia der Zweiten Art*. Wenn Physiker darüber reden, wissen sie was das bedeutet: Schwindel! Die Subventionen sind nicht nur der Antrieb der Kraftwerke in der Energiewende. Sie sind die Energiewende.

Die Bevölkerung braucht das nicht zu wissen, so die Politiker, sie würde nur verunsichert. Das ist natürlich ein Trick, denn die Chefin des Konzepts ist auch eine Physikerin, sie weiß natürlich ganz genau, worüber sie sprechen darf und worüber nicht, damit nicht der ganze Schwindel auffliegt. Sie weiß, womit sie sich verraten könnte mit ihrem Konzept. Und zu diesem *Konzept* gehört nicht nur die Energiewende, die raffiniert flankiert wird vom Klimaschutz.

Und das tumbe Wahlvieh sieht dabei zu und weiß von nichts und zahlt bereitwillig für die Vermeidung von CO2.

Ohne gleich über vermeintliche Klimaänderungen durch das Verbrennen von Kohle, Öl, Holz und Gas Fraktur zu sprechen, gönnen wir uns zur Entspannung zwischendurch schon einmal grundsätzlich Gedanken über den maßlos überbordenden Ressourcenverbrauch und die damit verbundene Verschmutzung der Umwelt. Insbesondere unter Einsatz fossiler Energieressoucen und der örtlich klimaneutralen eCars mit ihrem schlechten Wirkungsgrad und den riesigen unlöschbaren Batterien. Dabei unterscheiden wir gewissenhaft zwischen der Verschmutzung der Umwelt durch den unverbrannten Dreck oder durch den Dreck an sich – ein Abbild unserer Gesellschaft übrigens – und der Verschmutzung der Atmosphäre durch Verbrennung fossiler Energieressourcen oder Abfall, sowie durch Verbrennungsrückstände wie CO2, Abgase anderer Art und Feststoffe, wie zum Beispiel Ruß. Das alles wird ab jetzt unverfänglich unter das *Logo CO2* gekehrt und der Dreck weiterhin nach Asien gekarrt. Niemand merkt es.
Welch genialer Schachzug.

Unser energetischer und unser nicht-energetischer Enfluss auf die Umwelt, also die unendlich vielen Plastiksäcke, Bierdosen und Zigarettenkippen, ist vernachlässigbar gegenüber dem Einfluss unserer Sonne, auch wenn der Anschein trügt. Das soll unseren maßlosen Verbrauch an Ressourcen keineswegs entschuldigen, im Gegenteil, denn auf ihn haben wir zumindest Einfluss, nicht aber haben wir ihn auf die Sonne.

Keinesfalls vernachlässigbar ist der Bestand von Waffen, insbesondere von Nuklearwaffen, mit denen wir unseren Planeten schmücken und ihn damit rund um die Uhr gefährden. Wir taumeln geradezu auf einen weiteren Weltkrieg zu, was uns allerdings nichts auszumachen scheint. Der gegenseitige Druck, den wir derart aufeinander ausüben, ist eine globale Perversion und um ein Vielfaches gefährlicher, als das lächerliche Spurengas. Es ist nur eine Ablenkung von unserem politischen Unvermögen.

Wenn wir unseren Konsum betrachten, dem wir mit demselben narzisstischen Eifer nachdenken, wie die unreflektierte Bevölkerungsexplosion, als ob unsere Erde unendlich groß wäre, und wenn wir mit dem zwangsläufig überbordenden Dreck unseren Planeten *nachhaltig* vergiften, so hat das zwar eine sehr ungünstige Wirkung auf unsere Lebensqualität, doch ist diese von unvergleichlich kleinerer Größenordnung zu dem, was die Sonne mit uns treibt, und daher ist sie nicht in gleichem Maß gefährlich, wie deren Wirkung.

Vor allem ist sie unberechenbar. In derselben Weise wie sie unser Leben ermöglicht, kann sie es wieder auslöschen. Wir schieben diese Option nur einfach von uns weg, wohl weil wir ihre Mechanismen nicht im einzelnen kennen und niemals kennen werden, wir haben einfach keine Ahnung, was sie uns tatsächlich antun könnte und wie das dann abliefe.

Es ist direkt und auch indirekt nachgewiesen, dass die Sonne seit dreitausend Jahren alle Klimaveränderungen herbeigeführt hat. Sie allein war das imstande. Natürlich ist dieser Schluss nicht unbedingt und zwingend, doch welche naturwissenschaftliche Folgerung kann das schon von sich behaupten.

Welche andere Energiequelle aber hätte dauerhaft auf die Erde Einflüsse ähnlicher Größenordnung haben können. Solche der Erdwärme aus Vulkanen oder des radioaktiven Zerfalls von Uran 238 sind von deutlich kleinerer Größenordnung, als die Wirkung der Sonne in ihren differentiell interagierenden Zyklen.

Sie lassen sich mit einer *Spektralanalyse* (*Fourier-Analyse*) mathematisch erfassen und vor allem lassen sich ihre Wirkungen sowohl voneinander trennen, wie auch einander zuordnen. Dabei werden aus dem experimentell bestimmten zeitlichen Verlauf der integralen Sonnenenergie, also aus dem Gemisch der auf uns wirkenden und von uns wahrnehmbaren und messbaren Frequenzen, alle darin enthaltenen Komponenten voneinander separiert.

Die Koeffizienten der zeitlichen Amplitudenfunktion jedes einzelnen Zyklus werden durch eine Fourier-Analyse bestimmt. Aus der Überlagerung aller Komponenten der Gesamtfunktion lässt sich wieder der Verlauf des Gesamtzyklus zusammensetzen. Die Re-Komposition beweist, dass der Gesamtverlauf der Energieeinstrahlung der Sonne auf die Erde in der Vergangenheit aus diesen Zyklen entstanden ist.

Und sie beweist zudem, dass andere Einflüsse unerheblich sind. Zum Beispiele jene des Kohlendioxids.

So lässt sich tatsächlich zeigen, dass der gemessene zeitliche Verlauf der Energieaussendung der Sonne mindestens über den Zeitbereich von 3200 Jahren hinweg aus der zeitlichen Überlagerung von nur wenigen Sonnenzyklen wiedergegeben werden kann. Schon der 1000-Jahres-Zyklus scheint dafür zu genügen, indem er die Globaltemperatur der vorangegangenen 3200 Jahre erstaunlich gut wiedergibt.

Wesentlich detaillierter und genauer noch wird dieser Verlauf durch den 210-Jahres-Zyklus dargestellt (siehe Abbildung 2).

Wir sollten nicht vergessen, dass unsere aktuelle Warmzeit (2019) nach korrekter klimatologischer Definition eine *Eiszeit* ist, auch wenn unsere jüngsten Wahrnehmungen, ständigen Behauptungen und Schlussfolgerungen dem zu widersprechen scheinen: beide Pole unserer Erde sind mit Eis bedeckt.

Schon mit drei Zyklen kann sogar der Zeitbereich von 1750 bis 2010 quantitativ genau wiedergegeben werden. Die Erfüllung dieser Bedingung ist ein notwendiger Teil des Beweises der Funktionsfähigkeit der Fourier-Methode auch in diesem vergleichsweise kurzzeitigen Anwendungsfall.

An dieser Stelle wird auf persönliche Mitteilungen und Schriften von Professor Carl-Otto Weiss, Berater des Europäischen Instituts für Klima und Energie EIKE, ehemals Präsident des Deutschen Meteorologischen Instituts, Braunschweig hingewiesen, und es werden hier auch einige wesentliche Ergebnisse seiner Untersuchungen präsentiert.

‚Da der Klimawandel ein wichtiger Faktor der biologischen Evolution ist und ihn die Sonne über die gesamte Entwicklungszeit unserer Erde hinweg gestaltet hat, müssen wir der Frage nachgehen, welche Rolle sie darin spielt.

Um also herauszufinden, warum und wie sich das Erdklima ändert, wurde eine *Spektralanalyse* der Klimadaten durchgeführt, insbesondere des Verlaufs der Oberflächentemperatur der Erde, die ansonsten eigentlich wenig Aussagekraft hat.'

[https://schillerinstitute.com/de/media/carl-otto-weiss-le-changement-climatique-est-du-a-des-cycles-naturels/]

Eine solche Spektralanalyse ist die Zerlegung des Zeitverlaufs einer physikalischen Größe beispielsweise in sinusoidale oder auch natürliche Moden. Ein Ansatz mit natürlichen Moden erfolgte beispielsweise in der Kerntechnik mit der *Nodal Expansion Method* zur Berechnung von Neutronenfluss-verteilungen in modernen Druckwasserreaktoren der 1300 MWe-Klasse.

[https://inis.iaea.org/search/search.aspx?orig_q=RN:13653990]
[https://www.tandfonline.com/doi/abs/10.13182/NT76-A31694]

In unserem Klimafall wird der experimentell bestimmte zeitliche Verlauf der mittleren Erdtemperatur von AD 0 bis zum heutigen Zeitpunkt als Summe von Sinus-Moden zerlegt. Man stelle sich das etwa so vor, wie die Zerlegung der vielfältigen Klänge der Neunten Symphonie Beethovens in zahlreiche einfache klare harmonische Sinus-Schwingungen.

Jeder Klang, gleichgültig welcher Art, lässt sich in solche Schwingungen (*Moden*) zerlegen und nachher wieder aus diesen zusammensetzen. Der ‚zusammengesetzte Beethoven' würde bei der Wiedergabe genau so klingen wie das Original, hätte man seine Klänge nur in eine genügend große Anzahl von Moden zerlegt.

Bei der Sonne ist das deutlich aufwendiger als bei einer Symphonie. Auch wenn diese noch so komplex klingt, ist die Datenmenge aufgrund ihrer Aktivitäten unvergleichlich größer und vielfältiger, auch wenn man vielleicht meint, dass das Gegenteil der Fall wäre. Außerdem ist der Zugriff auf die Sonnendaten weitaus komplizierter und aufwendiger als bei der Symphonie oder einer Oper, da hier die Partituren vorliegen. Die Partitur der Sonne hingegen liegt irgendwo im All.

Die Seele der Sonne entspricht dem uralten System der herkömmlichen analogen Schallplatte, wie sie bis vor wenigen Jahrzehnten hergestellt und begeistert gehört wurde, und wie sie von Fans dieser Technik auch heute noch genossen wird, weil bei dieser Art akustisch-technischer Verarbeitung nichts vom Klang des Originals verloren geht.

Ein Teil der Neunten Symphonie Beethovens, genau genommen ihr 4. Satz, wurde, lautstark umlackiert als modernistische Euro-Rapper-Hymne, für den Trail in die neue Welt programmiert. Derart sollten auch musikalisch unbedarfte Fans von Dominantsept-Akkorden ergriffen werden. Doch waren weder Beethoven noch Mozart Mitglieder der Rapperszene ihrer Zeit gewesen. Ganz im Gegenteil, ein Grund, weshalb die simplifizierte Bestseller-Interpretation des Genies Mozart als infantil-blödelnder *Amadeus* ein peinlicher Ausrutscher unserer kulturlos-investigativen Gesellschaft war.

Nach digitalen Zerlegung der Neunten in Nullen und Einsen (*Digitalisierung*), blieb nach der Bearbeitung jeglicher Kunstwerke, die dieser Technik nach und nach zum Opfer fielen, von diesen nicht mehr als ein stumpfer und seelenloser Eindruck zurück. Beim Zerhacken der Klänge in Nullen und Einsen wurden insbesondere die ziselierten Modulationen des kleinen Rheinländers, der sich in der Musikstadt Wien verkrochen hatte, posthum Opfer elektronischer Interpolation.

Feine Schwebungen in den Musikstücken hatten sich schon zur Zeit Leonard Bernsteins am Beton der Münchner Philharmonie abgearbeitet. Subtile Klangformanten waren entschwunden und mit *burn it* hatte der Dirigent dem damaligen bayrischen Bürgermeister seinen Entsorgungsvorschlag skizziert und dem Bunker definitiv den Rücken gekehrt.

[https://www.google.com/search?client=firefox-b-d&q=formanten+einfach+erkl%C3%A4rt]

Inzwischen war das *Label Beethoven* auf binärem Weg den komplett durchdigitalisierten Trommelfellen Europas zugegangen.

Musikalische Kenner indes schwärmen unbeirrt vom Digitalem weiterhin von den alten Analogplatten und sie wissen warum. Die Digitalisierung als unverzichtbar politisch-technisch-philosophische Notwendigkeit einer merkwürdig minimalistischen Intelligenzstruktur und schein-wissenschaftlicher Überbegriff zahlentheoretischer Erkenntnis wird nach fachlichem Befinden kein gültiges Faktum bleiben und bald menschlicheren Lösungen weichen, wenn auch vielleicht über den *Quantenrechner* als Zwischenstadium. Jedenfalls versprechen die Diskussionen in den analogen Ministerien noch interessanter zu werden.

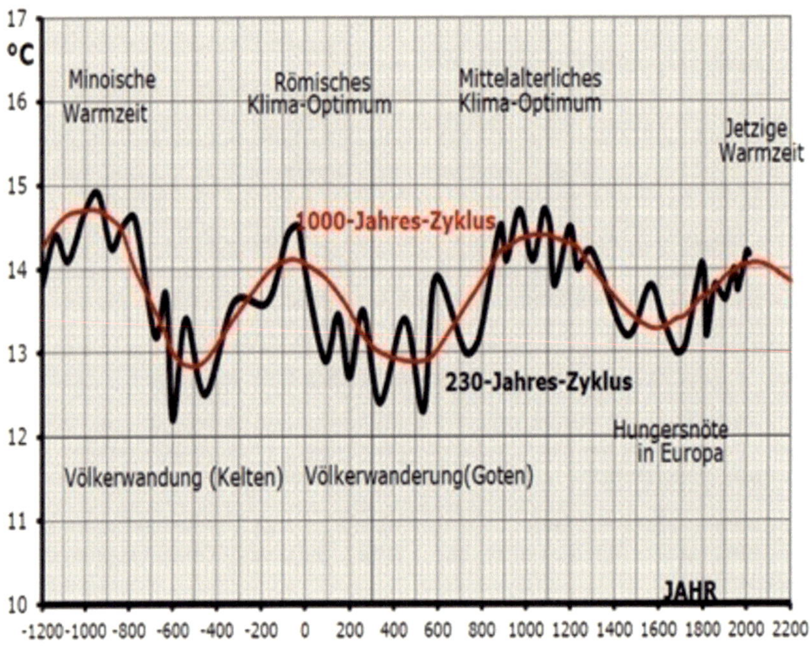

Abbildung 2: Globaltemperatur der letzten 3200 Jahre

Für die Zerlegung einer komplexen Schwingung in Moden nach Fourier brauchen die Grundschwingungen nicht notwendigerweise sinusoidal zu sein, sondern können jede beliebige Form haben. Ihre Koeffizienten in den Anteilen der zerlegten Funktion sind natürlich spezifisch zu bestimmen. Das Grundprinzip hingegen bleibt dasselbe.

Mit einer Fourier-Analyse wurde also der ‚Klang' der Sonne in solche Grund-Moden, die *Zyklen*, zerlegt. Weil der ‚Sonnen-Klang' einfacher zu sein scheint, als der Klang einer Beethoven Symphonie, kommt seine Zerlegung, jedenfalls für unsere Zwecke über 2000 oder 3000 Jahre hinweg mit weniger Basismoden aus, also mit weniger ‚Grund-Klängen' der Sonne. Den Grund-Zyklen: *Schwabe, AMO/PDO, Gleisberg, De Vries*.

Gemeinsam produzieren diese ‚Klänge' die zeitliche Temperaturentwicklung auf der Erdoberfläche. Das Wetter dort und damit das Klima. Wie Beethovens symphonische Klänge und auch die Klänge seiner Streichquartette können alle Energie-dynamischen Funktionen der Sonne zerlegt und nachher wieder zusammengesetzt werden.

Interessanterweise hatte sich genau dieser Fourier auch mit der Physik der Wärmeausbreitung in Festkörpern beschäftigt, und 1807 wurde eine seiner Abhandlungen, das *Fouriersche Gesetz*, von der Pariser Akademie preisgekrönt. Neben den Gleichungen für die Ausbreitung der Wärme enthielt es einen Lösungsansatz mit den von ihm erfundenen Fourier-Reihen. Das wichtigste Werk in diesem Zusammenhang ist die *Analytische Theorie der Wärme* (1822).

Höchst interessant ist, dass Fourier 1824 in einem Artikel zum ersten Mal die Existenz und die wesentlichen Mechanismen eines von ihm hypothetisch und modellhaft unterstellten Treibhauseffekts beschreibt, dessen Kriterien er mit dem damaligen Wissen herausarbeitet. Er benennt diesen Begriff allerdings nicht; die aktuelle Bezeichnung ist erst in neuerer Zeit entstanden. Sie ist irreführend.

[*Mémoire sur les températures du globe terrestre et des espaces planétaires*, Annales de Chimie et de Physique 1824, leicht verändert 1827 in den *Mémoires de l'Academie royal des Sciences de l'Institut de France*, Band 7, S. 570–604, nachgedruckt und in Fouriers Werken 1890, Band 2, bei Gallica]

[https://www.google.com/search?q=de+vries+zyklus&client=firefox-b-d&tbm=isch&source=iu&ictx=1&fir=N6pYe1piN-EDUM%253A%252CTJJ5b4afnG4uDM%252C_&vet=1&usg=AI4_-kT2PcIbjSZfYWhJJFvyylmXIvhBlA&sa=X&ved=2ahUKEwjiwquGrfvkAhXlkYsKHZ9SCt4Q9QEwBXoECAUQBg#imgrc=N6pYe1piN-EDUM:]

In seinen Artikeln verweist Fourier auf ein Experiment von Nicolas Théodore de Saussure (1767 – 1845), mit dem dieser die Wirkung der Atmosphäre simuliert hatte. Es bestand aus einer Vase, ausgekleidet mit geschwärztem Kork. In den Kork waren mehrere Scheiben aus transparentem Glas eingesetzt, getrennt durch Luftabschnitte. Das mittägliche Sonnenlicht konnte an der Oberseite der Vase durch die Glasscheiben eindringen. Die Temperatur in den Innenräumen des Gerätes erhöhte sich damit. Fourier schließt aus diesem Effekt, dass in unserer Atmosphäre Gase wie Glasscheiben wirken, also eine stationäre Barriere bilden, wodurch sich die Temperatur über der Erdoberfläche erhöht.

Damit die Atmosphäre Wärme speichert, müssen gemäß Fouriers Überlegungen die Mechanismen, welche die Temperatur der Atmosphäre bestimmen, konvektiv wirken. *Konvektion* (lateinisch *convehere* ‚herbeibringen') oder *Strömungstransport* ist das Mitführen von Materie oder physikalischen Zustandsgrößen durch ein strömendes Fluid. Materie wird dabei in Form gelöster Stoffe transportiert. Physikalische Zustandsgrößen können *Impuls*, *Vortizität* (Wirbelhaftigkeit, zum Beispiel durch die Breitengrad-abhängige Corioliskraft) oder *thermische Energie* sein.

Was diesen Mechanismus auszeichnen sollte, hatte Fourier nicht angegeben. Auch waren detaillierte Untersuchungen in der Versuchsvorrichtung von Saussure nicht vorgesehen. Es gab also gravierende Lücken sowohl im Versuchskonzept, wie in seiner Interpretation.

Immerhin aber hatte Fourier bereits in den 1820er Jahren berechnet, dass ein Objekt von der Größe der Erde, das sich, wie diese in großer Entfernung von der Sonne befand und nur von der stationären Sonnenstrahlung erwärmt wurde, beträchtlich kälter sein musste, als es die Erde tatsächlich war. Er untersuchte also verschiedene mögliche Wärmequellen und veröffentlichte das Ergebnis 1824 und 1827. Unter anderem meinte er, dass interstellare Strahlung für einen wesentlichen Teil der notwendigen Wärme verantwortlich wäre; zwischendurch aber sondierte er die Möglichkeit, die Erdatmosphäre hätte die Qualität eines Isolators zum extraterrestrischen Raum.

[Fourier, J. B. J.: *Remarques Générales Sur Les Températures, in: Du Globe Terrestre Et Des Espaces Planétaires*. Burgess (Hrsg.): *Annales de Chimie et de Physique*. Band 27, 1824, S. 136–167]

[Fourier, J. B. J.: *Memoire Sur Les Températures Du Globe Terrestre Et Des Espaces Planétaires*. In: *Mémoires de l'Académie Royale des Sciences*. Band 7, 1827, S. 569–604]

Der Schwede Svante Arrhenius, geboren am 19. Februar 1859 auf Gut Wik bei Uppsala und am 2. Oktober 1927 in Stockholm gestorben, ein schwedischer Chemiker und Physiker, erhielt als erster Schwede im Jahre 1903 den Nobelpreis für Chemie.

Er hatte die Idee von Fourier übernommen, konnte aber wie dieser nicht ahnen, dass die Atmosphäre grundsätzlich nicht die Qualität eines *Treibhauses* haben konnte, weil sie von den dynamischen Vorgängen der Gasdurchmischung beherrscht wird.

Trotzdem hat sich die damit verknüpfte Idee eines *Treibhauseffektes* bis jetzt erhalten und niemand kann sagen, weshalb.

Durch eine *Fourier-Analyse* des realen, also experimentell indirekt oder direkt gemessenen Verlaufes der mittleren Erdtemperatur konnte allerdings festgestellt werden, dass eben dieser Temperaturverlauf durch Überlagerung weniger zyklischer Funktionen über Jahrhunderte hinweg perfekt dargestellt werden kann. Damit ist bewiesen, dass der Verlauf der Erdtemperatur über viele Jahrhunderte hinweg durch wenige zyklisch wirksame Einflussgrößen der Sonne gehalten wird. Ein Treibhauseffekt ist dazu nicht erforderlich.

Auch wenn die CO_2-Konzentration in der Atmosphäre derzeit zweifelsfrei ansteigt, wird der differentielle dynamische Verlauf der gemessenen Klimadaten ebenso zweifelsfrei durch die Sonnenzyklen bestimmt. Als quasistionäres Element kann das Spurengas CO_2 keine zyklischen, sondern nur quasistationäre Effekte bewirken. Das gilt trivialerweise für natürliches ebenso wie für menschengemachtes CO_2.

Für eine quantitativ relevante Berechnung der Sonnenzyklen-Einflüsse wurden die stärksten Zyklen herangezogen. Mit ihnen konnte die Klima-Evolution quantitativ nachgebildet werden: Der komplexe Verlauf der roten Superpostion deckt sich mit dem Verlauf der experimentellen schwarzen Kurve. (Abbildung 3: Globaltemperatur der vergangenen 250 Jahre)

Alle beteiligten Zyklen und der aus ihnen superponierte Zyklus entstehen ausschließlich durch Sonnenaktivität. Das weiß man, doch kann man den Mechanismus noch nicht zwingend beweisen, auch wenn es Ansätze dazu gibt. Das Ergebnis wurde von Fachleuten geprüft und veröffentlicht. Klimatische Veränderungen kommen zweifellos von natürlichen Zyklen [H.-J. Lüdecke, A. Hempelmann, C.-O. Weiss].

Daraus lässt sich zwingend schließen, dass der anthropogene Einfluss auf die Erdtemperatur zumindest in den letzten 250 Jahren eher vernachlässigbar war. Andernfalls gäbe es keine Übereinstimmung der beiden Verläufe: sie sind ausschließlich dem Sonneneinfluss zuzuordnen. Deutliche Wirkungen von anthropogenem CO_2 auf die Atmosphäre hingegen würden die Korrelation stören. Auch das ist offensichtlich nicht der Fall.

Aus der Kontur von 1970 bis 2000 und ihrer mathematischen Extrapolation aufgrund der Fourier-Daten nach 2015 muss von 2020 an bis spätestens 2025 mit einem deutlichen Temperaturrückgang gerechnet werden, der nachfolgend eine *Kleine Eiszeit* erwarten lässt.

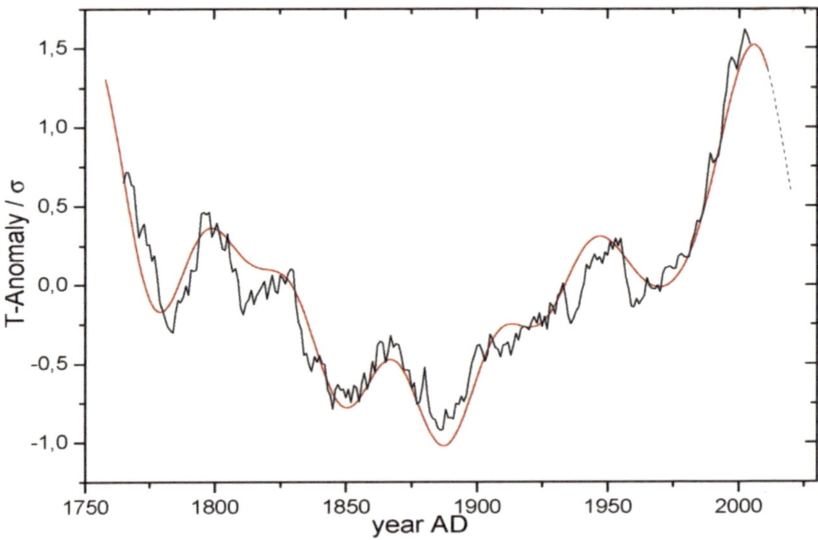

Abbildung 3: Globaltemperatur der vergangenen 250 Jahre.
Statistisch normiert auf den Mittelwert und die Streuung σ

Der Temperaturanstieg von etwa 1880 an, der immer noch dem CO2-Anstieg zugeschrieben wird, ist nicht auf einen solchen, sondern tatsächlich auf drei Sonnenzyklen zurückzuführen. Menschengemachtes CO2 spielt dabei eine nur geringe Rolle. Die Temperaturverläufe haben natürliche Ursachen.

Nachfolgend Interpretationen der Hinweise von Carl-Otto Weiss, Prof., Berater des Europäischen Instituts für Klima und Energie; ehem. Präsident des Deutschen Meteorologischen Instituts, Braunschweig:

,Schon seit einigen Jahren wurde in der wissenschaftlichen Literatur gezeigt, dass die Sonne in den letzten Jahrhunderten einen erheblichen Einfluss auf das Erdklima hatte. Eine detaillierte Rekonstruktion der Temperaturgeschichte der Erde für die letzten 2000 Jahre ergab mit hoher Genauigkeit, dass das Erdklima von 3 natürlichen, schon bekannten, 200- bis 1000-jährigen Zyklen beherrscht wurde [w1].

Diese 3 Zyklen bewirkten von 1870 bis 2000 den Temperaturanstieg um ca. 0,7 Grad. Dieser Anstieg wurde bisher als einzigartiger Beweis für den Klimaeinfluss von CO2 angeführt. Doch kann er nicht der Wirkung von CO2 zugeordnet werden, sondern muss natürlichen Ursprungs sein. Dies wurde kürzlich unabhängig bestätigt [w2].

Der Verlauf des Erdklimas stimmt gut mit der Simulation durch 3 Hauptzyklen der Sonnenaktivität überein. Damit ist belegt, dass das Erdklima auch langfristig, und damit in den letzten 2000 Jahren, von der Sonnenaktivität bestimmt wurde.

Stellt man die Klimavariationen der letzten 2000 Jahre als Spektrum von Zyklen dar, dann ist erkennbar, dass solche mit einer Periode von 1000, 460 und 190 Jahren dominieren. Sie sind also charakteristisch für den Leistungs-Output der Sonne.

Die Ergebnisse der letzten Jahrhunderte schließen sich nahtlos an die Ergebnisse der letzten 2000 Jahre an.

In [w3] wurde zudem gezeigt, dass sich die Hauptzyklen der Sonnenaktivität aus dem Einfluss großer Planeten, insbesondere Jupiter und Saturn berechnen lassen. Anhand der Zyklen lässt sich das Erdklima sowohl für die Vergangenheit nachbilden, als auch für die Zukunft voraussagen.

Diese Einsichten gelten nur für das *Klima*, d. h. für das langfristige 30-jährige Mittel der Erdtemperatur. Unregelmäßige, prompte Einflüsse, wie zum Beispiel Vulkanismus, entziehen sich der Berechnung. Kurzfristige Zyklen, wie zum Beispiel AMO/PDO (*Antlantische Multidekaden Oszillation, Pazifische Dekadenoszillation*) lassen sich in einer verfeinerter Rechnung berücksichtigen.

[http://wetter-observer.de/amo-pdo-enso-golfstrom-co-steuerungsmechanismen-der-globalen-temperatur/]

(Im Gegensatz zum offiziell vermittelten Bild ist das Klima als der Mittelwert aus einigen das Wetter bestimmenden Parametern keineswegs ein sehr komplexes System, sondern überraschend einfach zu verstehen und zu berechnen. Im Gegensatz zum Wetter sind weitreichende Analyseergebnisse im praktischen Leben nur bedingt brauchbar. Anm. v. Autor)

In den letzten Jahrhunderten folgte die Erdtemperatur stets der Sonnenaktivität; gemessen etwa an der Zahl der Sonnenflecken [w4] oder, für die weiter zurückliegende Vergangenheit, an der Häufigkeit von Isotopen wie Be10 oder C14 [w5].

Auch die globale Erwärmung von 1870 bis 2000, welche offiziell dem CO2-Einfluss zugeschrieben wird, folgte der Sonnenaktivität.

Zyklische (periodische) Temperaturvariationen auf der Skala von mehreren Jahrhunderten sind aus lokalen Untersuchungen bekannt [w6]. In keiner der vielen bisherigen Arbeiten über den globalen Klimawandel aber waren Zyklen untersucht worden. Wir rekonstruierten deshalb die Erdtemperatur der letzten 2000 Jahre aus veröffentlichten *Proxytemperaturdaten* [w7].'

Mit *Klimaproxys* kann das Klima der Vergangenheit über weite Zeiträume hinweg rekonstruiert werden, als noch keine instrumentellen Aufzeichnungn existierten.

Ein *Klimaproxy* (franz. *proxy, Stellvertreter*) ist ein indirekter Anzeiger des Klimas, der in natürlichen Archiven wie Baumringen, Stalagmiten, Eisbohrkernen, Korallen, See- und Ozeansedimenten, Pollen oder menschlichen Archiven wie historischen Aufzeichnungen oder Tagebüchern vorliegt.

Um aus einem Klimaproxy ein quantitatives Bild über Temperaturen, Niederschläge oder andere vergangene Klimazustände zu erhalten, muss man durch Kalibrierung eine *Transferfunktion* (die *Klimaproxy-Funktion*) herleiten. Sie muss verifiziert werden:

- zu Beginn erfolgen die Altersbestimmung des untersuchten Archivs und die zeitliche Einordnung der Proxydaten

- man wählt einen Zeitraum, für den bereits Daten der gesuchten klimatischen Größe vorliegen: zum Beispiel instrumentelle Messdaten; man kalibriert die Proxydaten an den Messdaten, das heißt, man leitet eine funktionale Beziehung zwischen Proxy- und Messdaten her: die *Transferfunktion*

- anhand der Transferfunktion berechnet man für einen weiteren Zeitraum, für den ebenfalls schon Daten der gesuchten klimatischen Größe vorliegen, aus den Proxydaten die erwarteten Klimadaten. Diese so berechneten Daten vergleicht man mit den vorliegenden Daten und prüft, die Übereinstimmung der theoretischen Daten; damit hat man die Güte der Transferfunktion verifiziert

- nun kann man aus Proxydaten für Zeiträume ohne Messdaten angenäherte Klimagrößen bestimmen

Die Basisdaten bestehen aus ca. 1 Mio. Einzelmessungen, so dass zur Bestimmung von Jahrestemperaturen je 500 Messwerte gemittelt werden können. Dies ergibt eine substantielle Fehlerreduktion und damit brauchbare Analysen. Man sollte aber auch hier nicht vergessen, dass aus ungenauen Grundgesamtheiten, mögen sie aus noch so vielen einzelnen Elementen bestehen, auch ungenaue Mittelwerte resultieren.

Die so erhaltene rekonstruierte Temperaturgeschichte der Erde (Abbildung 4: Graue Jahreswerte) zeigt alle historisch bekannten Maxima und Minima, wie beispielsweise das römische Optimum (0 AD), das mittelalterliche Optimum (1000 AD), die kleine Eiszeit (ca. 1500 AD); hier bemerkenswerterweise sogar Details wie das tiefe Minimum um 1450 AD.

Die theoretische Rekonstruktion zeigt den Temperaturanstieg von 1870 bis 2000 AD, welcher immer noch dem Einfluss von CO2 zugeschrieben wird. Nach Definition von *Klima* als 30-jährigem Mittel über die Jahrestemperaturen gibt die blaue Kurve der Abbildung das Erdklima wieder: als 30-jährig gleitender Mittelwert über die grauen Temperaturwerte; an dieser blauen Klimakurve sind die erwähnten historischen Temperaturvariationen besonders deutlich zu erkennen.

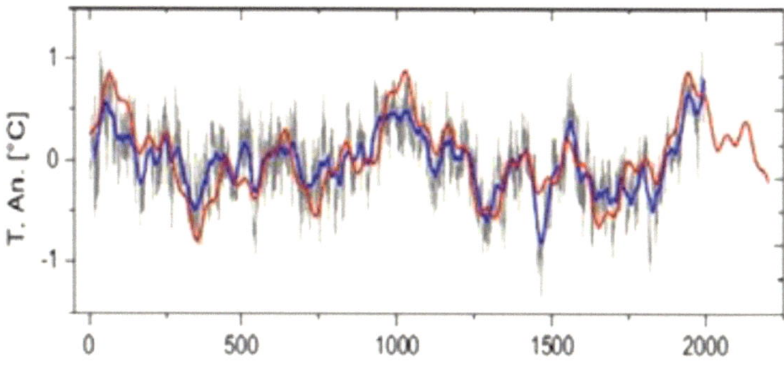

Abbildung 4: Globaltemperatur der letzten 2000 Jahre. Grau: Jahreswerte aus Proxydaten; Blau: 30 Jahr gleitendes Mittel, Erdklima nach Definition. Rot: Summe der Hauptzyklen der Globaltemperatur. T auf Mittelwert normiert [Harmonic Analysis of Worldwide Temperature Proxies for 2000 Years. H.-J. Luedecke, C. O. Weiss: The Open Atmospheric Science Journal, 2017, 11, 44 – 53]
[https://www.horstjoachimluedecke.de/egu-poster]

Werden gemessene Temperaturverläufe von einem Modell quantitativ richtig wiedergegeben, so kann das Modell als vertrauensvoll bewertet und ggf. für Prognosen dieses Parameters (hier die mittlere Erdtemperatur) verwendet werden. Es sei hier nochmals betont, dass gerade dieser Parameter atmosphärenphysikalisch keine wesentliche Bedeutung hat, da jeder Mittelwert immer nur ein Richtwert sein kann.

Man kann zu völlig falschen Schlussfolgerungen kommen, wenn man einen Mittelwert unbedacht für die weitere Beurteilung des Verlaufes physikalischer Parameter verwendet:

Berechnen wir den Mittelwert der Geschwindigkeit für den Weg A → B → C: dabei wird A → B mit einer Geschwindigkeit von 60 km/h gefahren, B → C mit 6 km/h. Der Geschwindigkeits-Mittelwert von A → C ist nicht der Mittelwert aus den beiden Geschwindigkeitsanteilen, also nicht (60+6)/2 km/h = 33 km/h, sondern knapp 11 km/h, denn der Mittelwert muss über den Quotienten Weg/Zeit berechnet werden.

An diesem Beispiel ist zu erkennen, wie die Arbeit mit Mittelwerten zu bedenken ist.

In extrem nichtlinearen Systemen aber, wie die Atmosphäre eines ist, ist die Situation unvergleichlich komplizierter und entsprechend schwierig zu behandeln. Mittelwert-Operationen, die in komplexen Rechnungen gelegentlich mangels großer Rechnerkapazitäten und –geschwindigkeiten als Ersatz detaillierter Betrachtungen eingesetzt werden, bedürfen sorgfältiger und durchdachter Bestimmung von Gewichtsfaktoren. Andernfalls erhält man völlig falsche Ergebnisse. Der Temperaturmittelwert über die gesamte Erde hinweg beispielsweise hat für wie immer gezogene Schlussfolgerungen eher Richtwert-Charakter. Dennoch wird er zur Ableitung von Zusammenhängen oder gar bei der Präsentation angeblich realer Katastrophenszenarien verwendet, was unverständlich und unzulässig ist.

In dem durch Fourier-Analysen zeitlich differenzierten Leistungsspektrum der Sonne erschienen auffallend dominante Zyklen mit Periodendauern von 190, 460 und 1000 Jahren. Eine bemerkenswerte Entdeckung insofern, als diese Zyklen schon in früheren Untersuchungen aufgefallen waren. Nun wurden sie als Hauptzyklen im zeitlichen Verlauf der Erdtemperatur identifiziert. So wurde gezeigt, dass diese Art der Temperaturrekonstruktion die Realität quantitativ richtig wiedergibt und diese Zyklen daher keineswegs mathematische Artefakte sind.

Es ist bemerkenswert, dass die Superposition der drei Hauptzyklen den gemessenen Temperaturanstieg von 1870 bis 2000 sehr genau wiedergibt und somit wesentliche Übereinstimmung zwischen Theorie und Experiment besteht: der über 2010 extrapolierte Verlauf ist daher relevant (Abbildungen 3, 4).

Der Temperaturanstieg um das Jahr 2000, der heute so große Aufregung verursacht, kann ohne zusätzliche Hypothesen auf die Interferenz von lediglich drei Sonnenzyklen zurückgeführt werden. Die Erwärmung ist also im wesentlichen natürlichen Ursprungs. Im gesamten Analyseergebnis wird eine Klimawirkung von CO2 natürlich nicht ausgeschlossen, zumal das Spurengas wie die Wolken immerwährende natürliche Bestandteile der Atmosphäre sind, doch hat CO2 im Gegensatz zu den Wolken unwesentliche Wirkung auf das kurzfristige Temperaturverhalten (Wetter) und die langfristige Temperaturentwicklung (Klima) der Atmosphäre.

Doch wenn schon die Wirkung einer Änderung des natürlichen Anteils in menschlichen Zeiträumen vernachlässigbar ist, ist es erst recht die Wirkung des anthropogenen CO2 in den letzten zwei Jahrhunderten. Sein Anteil an Klimaschwankungen ist vernachlässigbar. Weil die Wirkung des Spurengases quasistationären Charakter hat, kann ein beschleunigter Temperaturanstieg wie im Decennium 2010 bis 2019 beobachtet, nicht mit der Quasistationarität der CO2-Konzentration in der Atmosphäre in Zusammenhang gebracht werden.

Doch lassen sich aus der heftigen Dynamik der Sonnenzyklen die Schwankungen des Erdklimas in der Vergangenheit quantitativ ableiten. Da die Wirkung der Hauptzyklen der Sonnenaktivität mit dem experimentellen Verlauf des Erdklimas quantitativ korreliert, folgt zwingend, dass die Sonnenaktivität das Erdklima bestimmt und keine wie immer geartete Variation der CO2-Konzentration.

Dies ist die überzeugende Bestätigung der Hypothese, dass die Sonne der maßgebliche Faktor für die Veränderung der Klimas ist. CO2 und erst recht menschengemachtes CO2 scheiden als wesentliche Faktoren aus.

Alle Maßnahmen zur Reduktion der CO2-Freisetzung – sei es die Sonnenenergie oder die Windenergie als Energieversorger mit schlechtem Wirkungsgrad – sind gleichermaßen kostspielig wie technisch unsinnig. Auf die Erneuerbarkeit von Energie zu setzen ist physikalischer Schwachsinn. Der Einsatz von Elektromobilität ist nur eine Umverlagerung von Problemen auf eine externe Stromversorgung aus anonymen Kraftwerken im St. Florians-Prinzip.

Was aber sind die Ursachen der Sonnenzyklen, die das Klima auf der Erde lang- und kurzfristig beeinflussen?

Die Mechanismen mit denen die Sonnenaktivität das Erdklima steuert, sind mittlerweile untersucht und belegt. Siehe zum Beispiel [w8]. Die Befunde der Zyklenanalyse mit einer Feststellung des Gleichlaufs von mittlerer *Erdtemperatur* und *Sonnenaktivität* gehen vor allem von den letzten 2000 Jahren nahtlos über auf jene der näheren Vergangenheit.

Die Ursache für das Auftreten der Zyklen der Sonnenaktivität wurde intensiv von N. Scafetta untersucht [w3]: Er konnte zeigen, dass sich der Verlauf der drei Hauptzyklen der Sonnenaktivität aus dem Einfluss der Riesenplaneten Jupiter und Saturn auf das Sonnenmagnetfeld und insbesondere aus der von ihnen induzierten Verteilung kosmischen Staubes ergeben. Die Bahnformen der beiden Planeten spielen dabei eine wesentliche Rolle.
[https://www.youtube.com/watch?v=F20tsr2n1YM]

Scafetta schreibt im Originaltext u. a. folgendes:
[Multi-scale harmonic model for solar and climate cyclical variation throughout the Holocene based on Jupiter-Saturn tidal frequencies plus the 11-year solar dynamo cycle; N. Scafetta; Journ Atm. and Solar-Terrestrial Physics; 80 (2012) 296 – 311]

> „The Schwabe frequency band of the Zurich sunspot record since 1749 is found to be made of three major cycles with periods of about 9.98, 10.9 and 11.86 years.

> The side frequencies appear to be closely related to the spring tidal period of Jupiter and Saturn (range between 9.5 and 10.5 years, median 9.93 years) and to the tidal sidereal period of Jupiter (about 11.86 years). The central cycle may be associated to a quasi-11-year solar dynamo cycle that appears to be approximately synchronized to the average of the two planetary frequencies. A simplified harmonic constituent model based on the above two planetary tidal frequencies and on the exact dates of Jupiter and Saturn planetary tidal phases, plus a theoretically deduced 10.87-year central cycle reveals complex quasi-periodic interference/beat patterns. The major beat periods occur at about 115, 61 and 130 years, plus a quasi-millennial large beat cycle around

983 years. We show that equivalent synchronized cycles are found in cosmogenic records used to reconstruct solar activity and in proxy climate records throughout the Holocene (last 12,000 years) up to now.

The quasi-secular beat oscillations hindcast reasonably well the known prolonged periods of low solar activity during the last millennium such as the Oort, Wolf, Spörer, Maunder and Dalton minima, as well as the 17 115-years long oscillations found in a detailed temperature reconstruction of the Northern Hemisphere covering the last 2000 years. The millennial three-frequency beat cycle hindcasts equivalent solar and climate cycles for 12,000 years. Finally, the harmonic model herein proposed reconstructs the prolonged solar minima that occurred during 1900–1920 and 1960–1980 and the secular solar maxima around 1870–1890, 1940–1950 and 1995–2005 and a secular upward trending during the 20th century: this modulated trending agrees well with some solar proxy model, with the ACRIM TSI satellite composite and with the global surface temperature modulation since 1850. The model forecasts a new prolonged solar minimum during 2020-2045, which would be produced by the minima of both the 61 and 115-year reconstructed cycles.

Finally, the model predicts that during low solar activity periods, the solar cycle length tends to be longer, as some researchers have claimed. These results clearly indicate that both solar and climate oscillations are linked to planetary motion and, furthermore, their timing can be reasonably hindcast and forecast for decades, centuries and millennia. The demonstrated geometrical synchronicity between solar and climate data patterns with the proposed solar/planetary harmonic model rebuts a major critique (by Smythe and Eddy, 1977) of the theory of planetary tidal influence on the Sun. Other qualitative discussions are added about the plausibility of a planetary influence on solar activity.“

Übersetzung

„Das Schwabe-Frequenzband des Zürcher Sonnenfleckenrekords von 1749 besteht aus drei Hauptzyklen mit Perioden von 9.98, 10.9 und 11.86 Jahren.

Die Nebenfrequenzen scheinen eng mit der Springflutperiode von Jupiter und Saturn (Bereich zwischen 9.5 und 10.5 Jahren und dem Median von 9.93 Jahren), sowie der Gezeiten-Siderealperiode von Jupiter (ungefähr 11.86 Jahre) verbunden zu sein.

Der zentrale Zyklus kann einem 11-jährigen Solardynamo-Zyklus zugeordnet werden, der mit dem Mittelwert der beiden Planetenlaufzeiten synchronisiert zu sein scheint.

Ein vereinfachtes harmonisches Konstituentenmodell, das auf den beiden planetarischen Gezeitenfrequenzen und den planetarischen Gezeitenphasen von Jupiter und Saturn sowie einem theoretisch abgeleiteten zentralen Zyklus von 10.87 Jahren basiert, zeigt komplexe quasi-periodische Interferenz-/Schwebungsmuster. Dabei liegen die Hauptschlagperioden bei 61, 115 und 130 Jahren plus einem Schlagzyklus von 983 Jahren.

In kosmogenen Aufzeichnungen wurden synchronisierte Zyklen gefunden, die zur Rekonstruktion der Sonnenaktivität verwendet werden, sowie in Proxy-Klimaaufzeichnungen welche im gesamten Holozän bis jetzt, also in den letzten 12000 Jahren.

Diese quasi-säkularen Schwebungen stören die bekannten längeren Perioden geringer Sonnenaktivität im letzten Jahrtausend, wie die Minima von Oort, Wolf, Spörer, Maunder und Dalton, sowie die 17 115 Jahre langen Schwingungen, die in einer detaillierten Temperaturrekonstruktion der nördlichen Hemisphäre der letzten 2000 Jahre zu finden sind.

Der tausendjährige Drei-Frequenzen-Schwebungszyklus behinderte 12000 Jahre lang andere Sonnen- und Klimazyklen. Schließlich rekonstruierte das hier angeführte harmonische Modell die verlängerten Sonnenmaxima, die 1900 - 1920 und 1960 - 1980 auftraten, sowie die Sonnenmaxima um 1870 - 1890, 1940 - 1950 und 1995 – 2005, sowie den weltweiten Aufwärtstrend während des 20. Jahrhunderts. Die modulierten Trends stimmen gut mit einigen Solarproxymodellen im ACRIM TSI-Satellitenverbund und mit der globalen Oberflächen-Temperaturmodulation seit 1850 überein.

Auch dieses Modell prognostiziert für den Zeitraum 2020 – 2045 ein neues verlängertes Sonnenminimum, das durch die Minima der rekonstruierten 61- und 115-Jahre Zyklen entstehen wird. Schließlich sagt das Modell voraus, dass sich während Perioden mit geringer Sonnenaktivität die Sonnenzyklen tendentiell verlängern werden.

Diese Ergebnisse zeigen, dass die Sonnen- und die Klimaschwingungen mit der Planetenbewegung korreliert sind – ihr Zeitpunkt konnte nachträglich für Jahrzehnte, Jahrhunderte und sogar Jahrtausende übereinstimmend berechnet werden.

Die nachgewiesene geometrische Synchronität zwischen solaren und klimatischen Datenmustern mit dem vorgeschlagenen solaren / planetaren harmonischen Modell widerlegt die Kritik von Smythe und Eddy, 1977, an der Theorie des Einflusses der planetaren Gezeiten auf die Sonne.

Daher werden weitere qualitative Diskussionen über die Plausibilität eines planetarischen Einflusses auf die Sonnenaktivität aufgenommen."

Dieser Mechanismus, mit dem die Gravitation der Planeten die Sonnenaktivität beeinflusst, wurde inzwischen geklärt [w10]. Zur Illustration des starken Einflusses der Solaraktivität auf die Erde sei die Korrelation der europäischen Niederschläge mit dem Schwabe-Zyklus, dem 11-Jahreszyklus des Sonnenmagnetfeldes, erwähnt [w9]:

[https://docs.wixstatic.com/ugd/0d4581_c41c7048f2df4f6b9541d7403802f281. pdf]

Mit den Ergebnissen dieser Arbeiten haben wir nun ein vollständiges Bild der planetaren Situation und damit den expliziten Grund, warum und wie sich das Erdklima zeitlich ändert.

Neben dem elektromagnetischen Einfluss spielt auch der Gravitationseinfluss der Planeten eine Rolle bei den Sonnenaktivitäten. Die Planeten modulieren die Wirkung der Sonne: die Modulation ist dann stark, wenn alle Planeten auf derselben Seite der Sonne stehen (in Konjunktion). Stehen sie hingegen wenigstens zum Teil in Opposition, so hebt sich ihr Gravitationseinfluss anteilig auf.

Das Spektrum der Sonnenaktivität hat Modulationsseitenbänder: *Seitenbänder* sind die Frequenzbänder, welche in unmittelbarer Umgebung einer Trägerfrequenz durch Modulation erzeugt werden. In nichtlinearen Systemen treten dabei Summen-und Differenzfrequenzen auf. Hierbei entstehen nach den Additionstheoremen für Winkelfunktionen Summen- und Differenzfrequenzen. In unserem Fall sind das also drei Frequenzen. Die Differenzen der drei Frequenzen ergeben drei Sonnenaktivitätszyklen mit Periodendauern, die mit den Erdklimazyklen übereinstimmen, also drei Hauptzyklen, welche die Variationen des Erdklimas bestimmen.

Sie bestimmten den Verlauf der Globaltemperatur in der Vergangenheit und derart werden sie ihn auch in Zukunft bestimmen.

Damit wäre zum Verhalten des Klimas, also genau genommen zum Verlauf der mittleren Erdtemperatur als seinem Repräsentanten, zunächst keine wesentliche Frage mehr offen. Natürlich müssen die Ergebnisse durch weitere unabhängige Arbeiten bestätigt werden. Erst dann kann das Ergebnis als bestätigt gelten. Es wäre freilich nicht überraschend, wenn auch dann noch Detailfragen offen wären. Doch ist der Weg zunächst richtig.

Der Verlauf der drei Hauptzyklen ergibt einen steilen Temperaturanstieg bis etwa 2020: dann einen ebenso steilen Temperaturabfall bis etwa 2070. Eine solche Voraussage ergeben auch Arbeiten mit anderen Mitteln. Auf die kommende Abkühlung weist beispielsweise ein Temperaturplateau hin, das etwa seit 2000 gemessen wird.

Das Ergebnis widerlegt Behauptungen über die Existenz eines gefährlichen und kritischen Klimaeinfluss von CO_2.

In Kapitel 6 und 7 zitierte Arbeiten:

[w1] H.-J. Luedecke, C. O. Weiss; The Open Atmospheric Science Journal, 2017, 11, 44 – 53
Zusammenfassung als Poster: https://presentations.copernicus,org/EGU2018-4924_presentation.pdf
[w2] J. Abbot, J. Marohasy; GeoResJ.; 14 (2017) 36 - 46
[w3] N. Scafetta; Journ Atm. and Solar-Terrestrial Physics; 80 (2012) 296 - 311
[w4] Siehe z. B. Abb. 1 in /w 3 /
[w5] F. Steinhilber, F. Beer, J. Froehlich; GeoPhysResLett.; 36 L 19704
[w6] J. A. Eddy; SCIENCE 192, 1189 – 1202
C.P. Sonnet, H. E. Suess; NATURE 308, 141 - 143
[w7] Siehe die ausführliche Beschreibung der Datenquellen in / 1 /, Absatz „The Data"
[w8] H. Svensmark, M. B. Enghoff, N. Shaviv, J. Svensmark; NATURE COMMUNICATIONS:DOI 10.1038/s41467-017-02082-2
[w9] L. Laurenz, H.-J. Luedecke, S. Luening; Jour. Atm. and Solar-Terrestrial Physics 185 (2019) 29-42
[w10] F. Stefani, A. Giesecke, T. Weier; Sol. Phys. (2019) 294 : 60

Dass die Erwärmung von 1870 bis 2000 eher natürlicher Art ist, wurde kürzlich mittels Mustererkennungstechniken an Proxydaten bestätigt [w2]. Darauf gehen wir jetzt ausführlich ein.

8 Bestimmung des Industrieeinflusses

Wie im Kapitel zuvor erwähnt, wurde eine erste Bestätigung, dass die Erwärmung von 1870 bis 2000 natürlich Art ist, mittels Mustererkennungstechniken an Proxydaten erhalten:

[J. Abbot, J. Marohasy; GeoResJ.; 14 (2017) 36 – 46]

[https://www.eike-klima-energie.eu/2017/08/28/der-groesste-teil-der-juengsten-erwaermung-koennte-natuerlichen-ursprungs-sein/?print=print]

Klassisch orientierte Fachleute, unter anderem auch jene des IPCC, können sich von der Hypothese einer CO_2-Glocke in der Atmosphäre nicht mehr lösen. Sie erzählen, dass diese fiktive Abschirmung die Erde vor Auskühlung schütze. Es geht dabei um die Erklärung der Temperaturdifferenz von 33 °C zwischen der mittleren Erdoberflächentemperatur (15 °C) von heute und jener fiktiven Temperatur der Erde ohne eine CO_2-Bedeckung (- 18 °C). Die Bedeckung durch CO_2 leistet angeblich diese Temperaturdifferenz und hält uns am Leben.

Die Theorie der Wirkung von CO_2 in dieser Größenordnung ist aber seit langem widerlegt und doch steht sie immer noch im Zentrum der Diskussion um den Klimaschutz. Das liegt an der Vermarktbarkeit des Einflusses des Spurengases CO_2, wie wir in den Kapiteln zuvor ausführlich diskutierten. Ganze Industriezweige verdienen am Erfolg der praktischen Umsetzung dieser Doktrin und die klimatisch unbedarfte und damit zur Zahlung der CO_2-Steuer gezwungene Bevölkerung muss diesem Ansatz folgen. Diese Steuer ist eine Folge der für einige technische und politische Zweige lukrativen CO_2-Hypothese. Um sie durchzusetzen werden beispielsweise im Fernsehen auch immer wieder „rauchende" oder „CO_2-ausstoßende" Kühltürme gezeigt: tatsächlich setzen Kühltürme nur Wasserdampf frei.

Diese Art der „Werbung" aktiviert mit Ängsten und Panik die Apokalypse, ist unseriös und manövriert mittlerweile hart an der rechtswidrigen Zone.

Die Idee stammt nicht von Arrhenius, wie erzählt wird, sondern von Jean Baptiste Joseph Fourier, 1824. Mit dem vielfältig interessierten Svante Arrhenius, Nobelpreisträger für Elektrolytische Dissoziation, trat sie erst 1896 wieder in Erscheinung. Bis dahin war sie verschwunden. Ganz fest glaubt man nun an die Wirkung, an das Verderbnis durch CO_2, ganz fest hofft man auf die unwissenschaftliche Illusion der menschlichen Erlösung durch weltweites

Vermeiden von CO2. Wovon die Flora leben soll, interessiert die CO2-Taktiker nicht.

Vor über 120 Jahren von Arrhenius krass überschätzt, lebt dessen Vorstellung vom Mechanismus des Klimas weiter in wissenschaftlichen Papieren und Computer-Simulationsmodellen.

Mittlerweile hat man manches vergessen von dem, was der geniale Franzose Fourier noch dazu bemerkt hatte. Ihm war natürlich zunächst aufgefallen, dass die Erde deutlich wärmer war, als sie es ohne Atmosphäre wäre. Er hatte festgestellt, dass die Atmosphäre transparent für sichtbares Licht war, nicht jedoch für die vom erwärmten Boden emittierte Infrarotstrahlung. Wolken würden die Nächte milder machen, sagte er, indem auch sie rote Strahlung absorbierten und dies, was man erst später herausfand, in unvergleichlich höherem Maße als CO2. Das wird heute nicht mehr zugestanden, weil Wolken nicht vermarktbar sind.

Fourier hatte den Effekt mit dem der Kochkiste eines Schweizer Naturforschers verglichen: Horace Bénédict de Saussure (1704 – 1799) war Erfinder meteorologischer Messinstrumente gewesen, er hatte die geologischen, klimatologischen und pflanzengeographischen Verhältnisse der Alpen erforscht, 1787 als zweiter Kletterer den Montblanc bestiegen, dessen Höhe barometrisch festgestellt und ihn als höchsten Berg Europas erkannt.

Sein Sohn Nicolas Théodore, 1767 – 1845, war Professor für Mineralogie und Geologie gewesen. Er hatte die bei der Kohlensäure-Assimilation und Atmung der Pflanzen aufgenommenen und abgegebenen Gase, sowie ihre Umwandlung in organische Pflanzensubstanz quantitativ analysiert.

[M. Fourier: Mémoire sur les températures du globe terrestre et des espaces planétaires, S. 585 (PDF; 1,4 MB) academie-sciences.fr]

Der kluge Fourier hatte damals schon erkannt, dass der größte Teil der resultierenden Erwärmung von Saussures Kochkiste nicht irgendeinem Treibhauseffekt, sondern der unterbundenen Konvektion zuzuschreiben war. Eine entscheidende Erkenntnis, die Arrhenius entglitten und der modernen Atmosphärenwissenschaft verlorengegangen zu sein scheint, weshalb diese der Atmosphäre zum Schutz eigener Argumente die Eigenschaften eines Autos zuschreibt.

Doch ist die Atmosphäre kein Auto.

Die Erwärmung einer solchen Box stammt von zwei Effekten: primär von der Sonneneinstrahlung, die als Wärmequelle fungiert und sekundär von der Kiste, welche die Zirkulation zwischen Außen- und Innenluft unterbindet.

Der in fataler Schlussfolgerung abgeleitete Begriff *Treibhauseffekt* (englisch *greenhouse effect*) hat sich in der Klimatologie bis heute festgesetzt, obwohl weder die Erdoberfläche noch die Atmosphäre und auch beide gemeinsam nicht irgendwelche Merkmale einer Kiste haben. Umso merkwürdiger ist es, dass sich niemand über diese fehlerhafte Analogie aufregt oder wenigstens wundert, sondern sie überall freudvoll kolportiert und zu vermarkten sucht. Man muss sich hier schon einmal fragen, wo in diesem Wahnsinn die Methode steckt.

Der geniale Fourier wusste freilich, dass es Einflüsse der menschlichen Zivilisation auf das Klima geben könnte. Er erwartete derartige Wirkungen allerdings nur in Veränderungen der Reflektivität, also der Albedo der Erde. Doch obwohl Fourier zweifellos zu den besten Mathematikern und Naturwissenschaftlern seiner Zeit zählte, vermochte er die Physik eines wärmenden *Treibhauseffekts*, also den Effekt seines eigenen Ansatzes mathematisch nicht zu beschreiben.

Auch wenn heute nicht bestritten wird, dass CO_2 Energie infraroter Strahlung aufnehmen kann, wissen wir nicht, was das für die Erde quantitativ bedeutet. Wir wissen es nicht, weil trotz gewaltiger Aufwendungen für die Klärung anderer Effekte CO_2-Experimente niemals durchgeführt worden waren. Also ist die quantitative Reaktion des irdischen Klimas auf die Einwirkung dieses atmosphärischen Spurengases bis heute unbekannt. Es ist fast unvorstellbar, dass Politiker, Politikerinnen, Klimaforscher und Klimaforscherinnen es bis heute nicht der Mühe wert gehalten haben diesen Missstand abzustellen, sondern weiterhin ohne den geringsten Ansatz schlechten Gewissens aus konzertiertem Unwissen argumentieren.

Andere Forscher wendeten indes fortschrittliche Methoden an, um Grenzfälle der Wirkung des Gases auf die Erdtemperatur zu quantifizieren. Damit wurde festgestellt, ob mit einem Anstieg der Erdtemperatur durch das Spurengas CO_2 zu rechnen ist.

Jennifer Marohasy und John Abbot wendeten seit 2011 *Advanced Neural Networks (ANN)* zur Vorhersage von Regenmengen an: stets für den folgenden Monat und die folgende Jahreszeit. ANN sind selbst-lernende Netzwerke wie sie in unserem Gehirn arbeiten. Sie bestimmen ihre Struktur durch permanente Lernprozesse, wie Kinder im *learning by doing* und in permanenten *trial and error*-Prozessen. Diese Prozesse können mathematisch simuliert werden. Man sagt solchen Netzen berechtigterweise eine große Zukunft voraus. Ihre Merkmale dürfen nicht mit der vergleichsweise trivialen Künstlichen Intelligenz verwechselt werden. Neuronale Netze sind nicht intelligent, doch haben sie ein grundsätzlich unbegrenztes Potential zu lernen. Wenn sie dieses Potential einmal selbst weiterentwickeln können (*Fortschrittlicher Netze*; die Zukunft), wird man diese ihre Intelligenz mit menschlicher Intelligenz vergleichen können. Man kann bei dieser Technologie nicht vorhersagen, ob sie uns überlegen sein wird, es ist aber wahrscheinlich.

Wenn die sogenannte fortgeschrittene Datenverarbeitung unserer Zeit (etwa die sogenannte *Künstliche Intelligenz*) aktuell noch so primitiv ist, dass sie in Flugzeugen unsinnige oder gar kriminelle Operationen, wie *09-11* oder den Absturz der Maschine in den französischen Alpen zulässt, dann ist man in dieser Technologie von intelligenten Lösungen noch weit entfernt, insbesondere kann man unsere Kreativität zumindest bei der Abwehr terroristischer Absichten nicht als intelligent bezeichnen. Der Einbruch in Dresden ist ein aktuelles Beispiel für die Unfähigkeit, solche Aktionen abzuwehren und ein Hinweis auf die Notwendigkeit des Einsatzes von ANN.

In internationalen Klimawissenschaft Journalen wurden Ergebnisse einer Reihe von Studien veröffentlicht, die bei der Anwendung dieses Verfahrens entstanden waren. Es lieferte bessere Ergebnisse als die *General Circulation Models* des Australian Bureau of Meteorology zur Vorhersage der monatlichen Regenmenge.

In der Folge wurden diese Arbeiten auf eine 100 Jahre-Vorhersage der Temperatur beim Fehlen menschlicher CO_2-Emissionen erweitert.

[https://wattsupwiththat.com/2017/08/23/most-of-the-recent-warming-could-be-natural/]

Das Ziel der neuen Verfahren der statistischen Datenanalyse war die Bestimmung der Änderung der Atmosphärentemperatur des 20. Jahrhunderts durch ausschließlich natürliche Einflüsse. Die Differenz zwischen den von den statistischen Modellen errechneten und den tatsächlichen gemessenen Temperaturen wäre der menschliche Effekt aufgrund seiner Industrialisierung.

Die Daten wären essentiell notwendig bei der Validierung von Modellen, ihrer kritischen quantitativen Prüfung, bevor man mit ihnen Temperatur-

Voraussagen wagen konnte in eine Zukunft hinein, die grundsätzlich keine experimentelle Überprüfung ermöglicht.

Dazu analysierten die beiden Wissenschaftler zunächst einige längere Temperaturreihen: *Proxy-Reihen*, welche bereits in der Mainstream-Literatur der Klimawissenschaft veröffentlicht worden waren. Diese Aufzeichnungen basieren auf Daten aus Objekten, wie Baumringdicken oder Zusammensetzungen von Korallen-Bohrkernen und sie gestatten damit eine indirekte Bestimmung von Temperaturen der Vergangenheit. Man könnte diese Verfahren auch *Messungen* nennen, auch wenn wir mit diesem Begriff gedanklich die direkte Methode der Temperaturbestimmung verbinden (*Thermometer*; doch genau genommen bestimmt auch ein Thermometer die Temperatur eines Objekts nicht direkt).

Die meisten dieser Aufzeichnungen weisen Zyklen von Erwärmung und Abkühlung aus, mit Fluktuationen in einer Bandbreite von etwa 2 °C.

Es gibt Beweislinien, die zeigen, dass es während eines unter der Bezeichnung *Mittelalterliche Warmzeit* bekannten Zeitraumes in Westeuropa etwa 1 Grad wärmer war als jetzt. Tatsächlich gibt es Unmengen veröffentlichter Verfahren auf der Grundlage von Proxy-Aufzeichnungen, die für diesen Zeitraum ein relativ warmes Temperaturprofil demonstrieren. Er korrespondiert mit der Zeit des Baues von Kathedralen in England, und das war vor der *Kleinen Eiszeit*, als es für die Besiedlung von Grönland zu kalt war.

Diese *Mittelalterliche Warmperiode MWP* kann von 986 an datiert werden, als die Wikinger sich in Südgrönland ansiedelten, bis 1234, als dann ein besonders kalter Winter den letzten in Deutschland wachsenden Olivenbäumen den Garaus machte.

Das Ende der Kleinen Eiszeit kann man auf das Jahr 1826 datieren, als Upernavik in Nordwest-Grönland wieder bewohnbar war – nach einem Zeitraum von fast 600 Jahren.

Die derzeitige Bewohnbarkeit von Upernavik korrespondiert mit dem Beginn des Industriezeitalters. Zum Beispiel kam am 15. September 1830 der erste Kohle-Zug aus Manchester in Liverpool an: manche definieren dies als den Beginn der *Modernen Ära*, unter anderem gekennzeichnet durch schnelle mit fossiler Energie angetriebene Massentransporte. Doch auch wenn das Ende der Kleinen Eiszeit mit dem Beginn der von uns definierten *Industrialisierung* korrespondiert, bedeutete das dann notwendigerweise, dass diese eine globale Erwärmung verursacht hatte?

Zur Klärung dieser Frage stellten Abbot und Marohasy in ihrer im *GeoResJ* veröffentlichten Studie die Hypothese auf, dass ein *Advanced Neural Network (ANN)*, das seine Struktur bis 1830 an Proxy-Temperaturdaten gelernt hatte, in der Lage sein sollte, die Auswirkungen natürlich getriggerter Klimazyklen während des 20. Jahrhunderts vorherzusagen.

Für ihre Untersuchung analysierten sie also sechs Proxy-Reihen aus verschiedenen Regionen, wobei im Komposit der Nordhemisphäre:

Die Temperaturreihe beginnt im Jahr 50 und endet im Jahr 2000. Abgeleitet ist sie aus Pollen, See-Sedimenten, Stalagmiten und Bohrlöchern. Typisch für derartige Proxy-Temperaturreihen ist der Zick-Zack-Verlauf innerhalb einer Bandbreite von etwa 0,4 °C stets über einen kurzen Zeitraum von etwa 60 Jahren. Über einen fast 2000 Jahre langen Zeitraum hinweg zeigt sich zunächst bis etwa 1200 ein Erwärmungstrend, wonach es bis 1650 kälter wird, danach bis zum Jahr 1980 wieder wärmer und dann bis zum Jahr 2000 wieder kälter. Abb. 5 und 6.

Die Abnahme am Ende der Aufzeichnung (1830) ist typisch für viele derartige Temperatur-Rekonstruktionen und in der technischen Literatur als *Divergenz-Problem* bekannt.

Temperaturaufzeichnungen auf der Grundlage von Thermometern und Satellitenbeobachtungen zeigen im Verlauf des 20. Jahrhunderts eine deutliche Erwärmung.

Die Proxy-Aufzeichnung, welche herangezogen wird, um die Temperatur-änderungen der letzten 2000 Jahre zu beschreiben – ein Zeitraum, der Thermometern und Satelliten vorausgegangen ist – zeigt zumindest für die Messpunkte auf der Nordhemisphäre eine Temperaturreduktion ab 1980. Die Messungen folgen insbesondere aus Baumring-Daten.

Anstatt aber nun genau diese Proxy-Reihen konsequenterweise bis zum Schluss vorzuweisen, werden experimentelle Ergebnisse häufig nur bis 1980 gezeigt und es wird dann die Sequenz mit berechneten Temperaturreihen bis zum Schluss weitergeführt. Der berühmte *Hockey Stick* ist die Folge solcher Inkonsistenzen.

Daraus ist zu schließen, dass man mit dem experimentellen Proxy-Temperaturrückgang, wie er aus Abbildung 6 deutlich erkennbar ist, aus irgendeinem Grund nicht einverstanden ist.

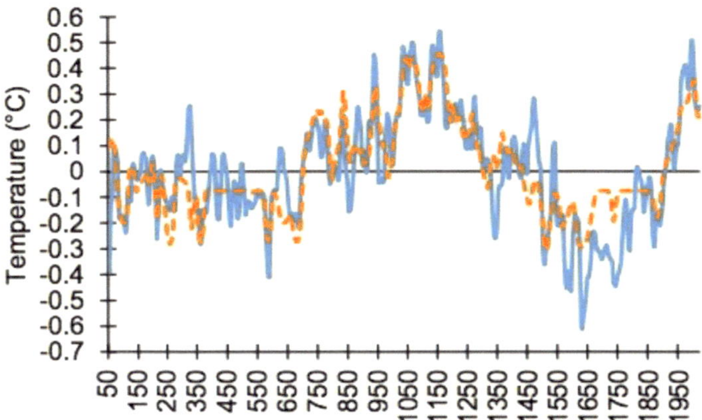

Abbildung 5: Proxy-Temperaturreihe (blau) und ANN-Projektion (orange) auf der Grundlage des Inputs aus der Spektralanalyse für dieses Multiproxy der Nordhemisphäre. Das ANN wurde für den Zeitraum von 50 bis 1830 ausgerichtet; der Test-Zeitraum lief von dann 1830 bis 2000.
[https://www.eike-klima-energie.eu/tag/proxy-daten/?print=print-search]

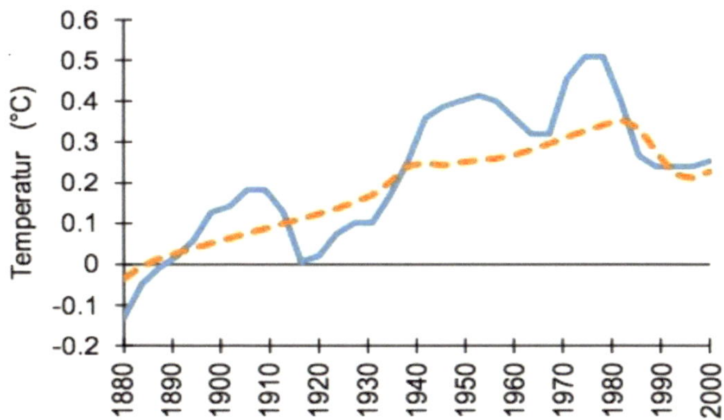

Abbildung 6: Proxy-Delta-Temperaturreihe (blau) und ANN-Projektion (orange) für den Testzeitraum 1880 bis 2000.

Marohasy und Abbot hatten das Gesamtsignal der Proxy-Aufzeichnung des Komposits der Nordhemisphäre von 50 bis 1830 mittels einer Fourier-Analyse in Sinuswellen zerlegt und diese als Input im Advanced Neural Network für dessen Voraussage von 1880 bis 2000 verwendet.

Aus dieser neuen Studie des GeoResJ zeigt Abbildung 6 wie gut die Proxy Delta-Temperaturwerte (blaue Linie) und die ANN-Vorhersage (orange gestrichelte Linie) zwischen 1880 und 2000 übereinstimmen. Beide Verläufe zeigen bis etwa 1980 eine Zunahme der Temperatur, gefolgt von einer Abnahme nach 1980.

[https://wattsupwiththat.com/2017/08/23/most-of-the-recent-warming-could-be-natural/]

Die mittlere Divergenz zwischen der Proxy-Temperaturaufzeichnung aus dem Nordhemisphären-Komposit und der ANN-Projektion für den Zeitraum 1880 bis 2000 beträgt 0,09 °C: Das bedeutet, dass die Temperatur im 20. Jahrhundert selbst ohne eine industrielle Entwicklung und ohne Verbrennung fossiler Treibstoffe bis 1980 angestiegen wäre.

Betrachtet man, wie in der Studie dargelegt, die Ergebnisse aller sechs geographischen Gebiete, so zeigt der Output der ANN-Modelle, dass die Erwärmung lediglich durch natürliche Klimazyklen im Verlauf des 20. Jahrhunderts, abhängig von der geographischen Lage, in der Größenordnung von 0,6 °C bis 1 °C gewesen wäre. Die Differenz zwischen dem Output der ANN-Modelle und der Proxy-Aufzeichnungen beträgt höchstens 0,2 °C.

Dies war die Lage für die Studien in der Schweiz und Neuseeland. Damit konnte also gezeigt werden, dass der Erwärmungsbeitrag durch die industriellen Einflüsse während des 20. Jahrhunderts 0,2 °C betrug.

Das IPCC hingegen schätzt die Erwärmung mit 1 °C und ordnet diesen Wert, mangels Kenntnis differentieller Beiträge zudem ausschließlich der Industrialisierung zu.

IPCC tritt dabei auch mit einer Inkonsistenz in der Abschätzung auf, indem es die Proxy-Temperaturreihen aus unverständlichem Grund neu modelliert, bevor es sie mit dem Output der *General Circulation Models* vergleicht.

Damit muss IPCC vermuten (letzter Zustandsbericht), dass *der Zeitraum von 1983 bis 2012 der wärmste 30-Jahre-Zeitraum der Nordhemisphäre in den letzten 1400 Jahren war.*

Gerade diese zeitliche Eingrenzung bedeutet jedoch implizit, dass es irgendwann vorher noch wärmer gewesen sein muss als jetzt: innerhalb jener Periode nämlich, welche unmittelbar auf den *Zerfall des Römischen Imperiums* folgte und der *Mittelalterlichen Warmzeit* MWZ voranging (siehe Abbildung 5).

Die offizielle Konsens-Wissenschaft sagt im Gegensatz zu den Messwerten:

‚Die Temperaturen der letzten 1300 Jahre sind flach verlaufen, um nach dem Jahr 1830, mit Sicherheit aber nach 1880 rasant zu steigen – ohne eine Abnahme im Jahr 1980.'

Während sich in den Berichten der Mainstream-Klimawissenschaft zahlreiche Studien zu Proxy-Temperaturverläufen finden, welche zeigen, dass die Temperaturen während der letzten 2000 Jahre zyklisch gestiegen und gefallen sind – mit Wärmespitzen zur Mittelalterlichen Warmzeit hin, um dann ab dem Jahr 1980 zu fallen –, leugnen die offiziellen IPCC-Konstrukte, welche dem Paris-Abkommen zugrunde liegen, die Existenz derartiger Zyklen.

Auf solchen Grundlagen klimatologischer Erkenntnis können Mitarbeiter von IPCC natürlich leicht behaupten, dass wir durch die Industrialisierung eine katastrophale globale Erwärmung erleben.

[https://wattsupwiththat.com/2017/08/23/most-of-the-recent-warming-could-be-natural/]

Diese aktuelle Beweisführung ist eine Schande für die moderne Wissenschaft und die Politik und sie wird zum Schaden für die Wirtschaft. Kein Wunder also, wenn die Wissenschaftsszene mittlerweile argwöhnisch beobachtet wird, zumal aus ihrer undurchsichtigen Methodik ständig unverständliche technische Ansätze entwachsen unter dem Motto: *If you can't convince them, confuse them.*

[Jennifer Marohasy, John Abbot, 15 November 2018 PUBLICATIONS, In The News, IPA TODAY, RESEARCH AREAS, Climate Change | Historical Temperature Reconstructions and Estimating the Contribution of the Industrial Revolution to 20th Century Warming. Respond To Criticisms Of GeoResJ Paper]

https://ipa.org.au/publications-ipa/in-the-news/abbot-and-marohasy-respond-to-criticisms-of-georesj-paper

Als John Abbot und Jennifer Marohasy BSc PhD Noosa, Queensland, Australia, 17 March 2019 Neuronale Netzwerke (Maschinelles Lernen) zur Bewertung von anthropogenem und natürlichem Klimawandel durchführten, suchten sie nach Rekonstruktionen des historischen Temperaturverlaufs, welche bereits im

Rahmen der von anderen Experten begutachteten wissenschaftlichen Literatur veröffentlicht worden waren. Der Beitrag der beiden Wissenschaftler, der auf diesem gesammelten Expertenwissen aufbaut, bestand darin zu zeigen, wie Temperaturreihen in Sinuswellen zerlegt und als Input eines künstlichen Neuronalen Netzwerks für eine belastbare Vorhersage verwendet werden konnten.

Solche Bemühungen wurden immer drängender, denn trotz erheblicher zwischenstaatlicher Investitionen in die Klimaforschung über mehrere Jahrzehnte hindurch, hatten sich die mittel- bis langfristigen Wetter- und Klimavorhersagen nicht verbessert. Der klassische Ansatz hatte bisher lediglich versucht – und er versucht es noch immer –, physikalische Prozesse zu simulieren, in denen Kohlendioxid als Treiber des Klimawandels eine dominante Rolle spielen muss.

Indem sich 99,9 % der Oberflächenwärmekapazität der Erde in den Ozeanen und weniger als 0,1 % in der Atmosphäre befinden, wird der Beweis einer erheblichen Klimawirkung durch das CO_2 zusätzlich zu den anderen Faktoren erheblich erschwert.

Darüber hinaus macht das natürliche CO_2 nur 0,04 % der Atmosphäre aus, und nur ein Bruchteil davon ist das menschengemachte. Wenn man also meint, glauben zu müssen, dass das Spurengas CO_2 in einer Atmosphäre, die selbst nur einen winzigen Anteil der Wärmeenergie der Erdoberfläche enthält, das Klima der Erde steuern kann, dann glaubt man auch an den Floh, der mit dem Schwanz eines Hundes wedelt und dieser mit dem Hund. Es wäre erstaunlich, ließe sich dieses Modell beweisen.

So überrascht es nicht, dass die Auswirkungen von künstlichem CO_2 auf das Klima noch nie gemessen, sondern nur mit unvalidierten Modellen geschätzt wurden. Womit das CO_2-Modell weiterhin frei in der Luft hängt und nur von unbewiesenen Mehrheitsmeinungen gehalten werden kann.

Nachdem keine der Theorien mit CO_2 als Agens auch nur annähernd zu einer vernünftigen belastbaren Aussage gelangte, hatten sich John Abbot und Jennifer Marohasy einem noch radikaleren Ansatz zugewandt, um den gemessenen Verlauf der Erdtemperatur zu relativieren.

Durch das Aufkommen von Big Data und Künstlicher Intelligenz erschienen Künstliche Neuronale Netze auch mögliche Ansätze zur Vorhersage des Wetters und damit des Klimas.

Neuronale Netze bedürfen keiner Codierung von Gleichungen, mit denen Phänomene explizit behandelt werden, sondern sie erarbeiten sich die Zusammenhänge selbst, so dass sie Schlussfolgerungen ziehen können weit abseits derer, welche die Ersteller determinierter Lösungsverfahren vor der Programmierung kennen müssen. Dennoch werden Netze niemals wissen, was in ihnen eigentlich vorgeht. Wie ein Hirn den eigenen Tumor nicht lokalisieren kann, der es zerstören wird und es bei dieser Prozedur keinen Schmerz empfindet, weiß das Netz nichts von seinen Vorgängen in ihm.

Damit ein Netz die Wetterprozesse erkennen und dann auch darstellen kann, muss man ihm die Möglichkeit geben, eine Vielfalt historischer Klimadaten zu inkorporieren: aus ihnen bestimmt es von selbst die Gewichtsfaktoren aller internen Verknüpfungen derart, dass es die ihm vorgelegten Fakten optimal wiedergeben kann, auch wenn es sie nicht ‚versteht‘. Wie ein Kind, das die teure Spielzeuglokomotive des Vaters gegen die Wand wirft, um aus den zerborstenen Bestandteilen Schlussfolgerungen zu ziehen auf verborgene Funktionen, weitab von der Fahrt im einfachen Oval mit Weiche.

Nach Lernprozessen solcher Art aber wird das Netz, wie das Kind, nach und nach Muster im Geschehen erkennen und diese in der Zukunft in geändertem Umfeld anwenden können.

Die Wirkungen der Sonne ergeben Muster in chronologisch wiederkehrenden Schwingungen. Nicht notwendigerweise symmetrisch bewegen sie sich fortwährend zwischen gleitenden Extremen. Sie haben sich durch thermonukleare Prozesse im Inneren der Sonne ergeben und durch Änderungen der Planetenpositionen. Ihre Verläufe können in Sinuswellen unterschiedlicher Phase, Amplitude und Periodizität zerlegt und derart als Schwingungsphänomene dargestellt werden.

Sie äußern sich auf der Erde für uns in messbaren Variablen: in Temperatur, Luftfeuchte und Luftbewegungen.

Wenn das Netz alle wichtigen Merkmale und Einflussgrößen der dynamischen Prozesse implizit erfasst hat und aktuelle Größen kennt und die Stärke ihrer Zusammenhänge bewerten kann, kann es deren zukünftigen Verlauf vorhersagen, ohne die Ursachen zu kennen. Das ist das Geheimnis Neuronaler Netze. Das Netz sagt also, was passieren wird, aber es weiß nicht, warum das so ist.

Im Grund genommen operieren wir Menschen in unserem makroskopischen Umfeld wie neuronale Netze. Wir wissen auch nicht explizit, warum wir in jemanden verliebt sind oder warum wir ihn hassen und warum etwas und warum genau dieses mit ihm geschehen wird.

Voraussetzung für das Gelingen solcher Vorhersagen sind eine hinreichend hohe Differenzierung (Auflösung) des Netzes und die gute Qualität der zum Aufbau der Arrays (der Netzstruktur) verwendeten Daten. Die Daten müssen der Realität entnommen sein (Experimente). Sind sie es nicht, sind sie falsch oder gar verfälscht, beispielsweise gemittelt oder sind die Daten ungenau, so macht das Netz seine eigene Bewertung daraus.

Die Bewertung wird anders sein, wenn die Basisdaten der Wirklichkeit gut entsprechen und sie detailliert wiedergeben.

Das menschliche Gehirn ist ein hervorragendes Beispiel für besonders raffinierte Netze. Alles bisher Gesagte passt auch hierfür. Wenn Sie darüber nachdenken, werden auch Sie sich hier wiederfinden.

Daraus aber generierte sich offenbar die tiefe Besorgnis der beiden Wissenschaftler über die Kalibrierung von Geräten zur Messung von Oberflächentemperaturen durch das Australian Bureau of Meteorology und vor allem über die unangemessene Umgestaltung von Daten durch eine als *Homogenisierung* bekannte Technik. Die Homogenisierung hat weder einen Wahrheitsgehalt, noch hat sie auch nur den geringsten Gewinn der inneren Vernunft eines Netzes. Sie verringert lediglich den statistischen Fehler, was allerdings wiederum so lange nichts bedeutet, als der Anwendungsfall undefiniert ist. Eine Verwendung von Mittelwertes kann sogar zu völlig falschen Aussagen führen und in sicherheitsrelevanten Anwendungen zu Katastrophen.

In diesem Zusammenhang äußert J. Marohasy daher in einem Brief Bedenken an den Chefwissenschaftler der Australischen Regierung. Kernpunkte dieses Briefes und politische Auftritte werden am Ende des Artikels präsentiert.

Für die Anwendung *Maschinellen Lernens* zur Bewertung des anthropogenen und des natürlichen Klimawandels suchten Abbot und Marohasy nach Rekonstruktionsmöglichkeiten des historischen Temperaturverlaufs, wie sie bereits in der begutachteten wissenschaftlichen Literatur vorlagen. Es war zu zeigen, wie Muster im Temperaturverlauf in Sinuswellen zerlegt und dann als Eingabe in ein ANN zur Erstellung einer Vorhersage verwendet werden konnten.

So können die Advanced Neural Networks ANN, die heute routinemäßig in der medizinischen Forschung und der Forschung für fahrerlose Fahrzeuge, für

Google Translate, für Werbung und den Handel auf den Aktienmärkten eingesetzt werden bei der Vorhersage von Temperaturen angewendet werden.

Bereits in früheren Studien wurde eine Spektralanalyse von Instrumenten- und Proxy-Langzeit-Temperaturaufzeichnungen durchgeführt (z. B. Lüdecke et al. 2013). Diese waren eine besondere Unterstützung des ANN-Verfahrens, weil sie die Schwerpunkte des Einsatzfeldes erkennen ließen und damit das Trainingsverfahren verkürzten. Ebenso wurden mögliche Schwachstellen früh erkannt.

ANN sind weniger eine höhere Form künstlicher Intelligenz, als eine des maschinellen Lernens. Die Maschine beginnt zunehmend etwas zu ‚wissen‘, was dem Menschen niemals zugänglich sein wird, weil er die Fülle der Daten und deren Verknüpfungen nicht erfassen kann.

Ebenso wie die Spektralanalyse von Grunddaten ist das Ausstatten von ANN mit Reihen Sinus-artiger Wellen als eine Form der Vorverarbeitung und als *Merkmal-Extraktion* bekannt.

Im Prinzip ist das Verhalten des atmosphärischen Systems (= Klima) mathematisch definiert, wenn seine Komponenten im Netz implantiert sind. Wenn die in der komplexen immanenten Strukur der Proxy-Temperatur-Reihe eingebetteten Mechanismen auch in der Zukunft bestehen bleiben, was man annehmen darf, wenn sich das System *Atmosphäre* nicht in seinen Grundsätzlichkeiten verändert – zum Beispiel durch das Eindringen eines Meteoriten in das Erdsystem –, dann wird eine gute Vorhersage mathematisch möglich sein.

Diese Hypothese wurde in der in GeoResJ (Band 14, 36-46) veröffentlichten Studie explizit getestet.

Insgesamt sind die Art dieser Nachweisführung, und vor allem ist ihr Ergebnis sensationell:

Es gibt natürliche Klimazyklen.

Diese Aussage widerspricht dem allgemeinen Konsens, der davon ausgeht, dass natürliche Kreisläufe jeder Art seit der Industriellen Revolution durch erhöhte Kohlendioxidkonzentrationen erheblich gestört wurden und deshalb nicht mehr erkennbar sind.

Da jede unverifizierte wissenschaftliche Theorie oder Hypothese zunächst anzuzweifeln ist, ist es durchaus legitim, ja sogar zwingend, sie zu testen.

Tatsächlich testet der Artikel in GeoResJ (Abbot and Marohasy 2017a) eine Säule der anthropogenen Theorie der globalen Erwärmung, indem er den Beitrag der industriellen Revolution zur Erwärmung des 20. Jahrhunderts herausfiltert.

Dazu wurde das Ausmaß der Erwärmung der Atmosphäre bestimmt, bei Abwesenheit von etwas, das wir *Industrielle Revolution* nennen. Ihr Einfluss wurde mit Hilfe eines ANN prognostiziert.

Auf Twitter wurde dieser Artikel heftig kritisiert, auch die Methodik der Verwendung von ANN. Die heftigste Kritik kam von Klimaforschern und ihren Anhängern, die mit Simulationsmodellen eher vertraut sind, welche auf der Kodierung physikalischer Prozesse beruhen. Es wurde darauf hingewiesen, dass die neue Technik hauptsächlich auf Zeitreihendaten angewendet werde, zum Beispiel für Prognosen im Finanzsektor, was keinen Widerspruch zur Anwendung auf die *Atmosphärik* darstellt. Auch deren Parameter haben die Struktur einer Zeitreihe. Die Untersuchung und Analyse der Physik der Atmosphäre ist sogar der typische Anwendungsfall der statistischen Netzmethode und sie wird sich dort hervorragend entfalten.

Das weltweit aktuell am häufigsten verwendete atmosphärische Modell, das *Weather Research and Forecasting Model*, ist ein Simulationsmodell. [https://www.mmm.ucar.edu/weather-research-and-forecasting-model]

Solche Modelle beruhen auf der möglichst genauen Simulation physikalischer Prozesse, wobei viele Annahmen über die Physik und Chemie unserer Ozeane und der Atmosphäre getroffen werden müssen und außerdem nur Kohlendioxid als angeblich wesentlicher Treiber des Klimawandels berücksichtigt wird. Die Mainstream-Klimawissenschaft, insbesondere des IPCC, stützt sich ausschließlich auf Simulationsmodelle im Zusammenhang mit CO_2. Beispielsweise auf allgemeine Verbreitungsmodelle wie das POAMA *Predictive Ocean Atmosphere Model for Australia* des Australian Bureau of Meteorology.

Wie schon kurz erwähnt behandelt der GeoResJ-Artikel eine völlig andere Art der Modellierung, vornehmlich den Einsatz statistischer Modelle, welche auf Beziehungen beruhen, die in den Parametern des ANN und seiner Struktur stecken.

Annahmen über physikalische Prozesse werden darin weder getroffen, noch werden Einflussgrößen a priori ausgeschlossen.

Niemand kann die Position des Wissens im Netz angeben. Nur das Netz kennt den Sachverhalt in seiner Sprache. Auch wir selbst können beispielsweise nicht sagen, wo in unserem Gehirn der Lösungsformalismus für Quadratische Gleichungen steckt. Auch nicht wo Musikalität herkommt, warum jemand ein absolutes Gehör hat. Solche und andere ähnliche Fähigkeiten befinden sich in unserem Gehirn überall und nirgendwo.

So war auf Twitter behauptet worden, dass der Artikel die Zeitreihen in einer der folgenden sechs dekonstruierten Proxy-Temperaturreihen falsch darstelle. Insbesondere, dass die Darstellung von Moberg et al. (2005) falsch wäre. Weil die Reihe eine Verschiebung von mehreren Jahrzehnten entlang der Zeitachse zeigt, wurde behauptet, die grobe Digitalisierung einer Zeitreihe wäre nicht mit einer strengen Datenanalyse vereinbar.

Diese Kritik konnte nach eingehender Prüfung als fehlerhaft festgestellt werden.

Der Bericht beginnt mit einer Betrachtung der Proxy-Temperatur-rekonstruktionen der nördlichen Hemisphäre über einen langen Zeitraum hinweg, wie sie durch Experten durchgeführt worden war. Diese Rekonstruktionen bilden über eine von Experten begutachtete Fachliteratur die Basis für die Untersuchung der Anwendbarkeit maschinellen Lernens zur Bewertung des anthropogenen und des natürlichen Klimawandels.

Das 12. Jahrhundert war eine Periode des allgemeinen Optimismus in Europa, die mit dem übereinstimmte, was Moberg et al. (2005) als einen warmen Höhepunkt um 1100 n. Chr. beschreiben, gefolgt von ausgeprägter Kühle im 16. und 17. Jahrhundert. Geschichtsbücher bezeichnen dies häufig als *Mittelalterliche Warmzeit* (MWP), auf die die *Kleine Eiszeit* (LIA) folgte.

Das Ende der LIA korreliert formal mit dem Beginn der Industrialisierung, wobei diese Korrelation nicht unbedingt einen kausalen Zusammenhang bedeutet. Dass die Industrialisierung das Ende der LIA und den Beginn einer Erwärmungsperiode verursacht haben konnte, ist eine durchaus vertretbare Hypothese. Dabei muss allerdings auch die Frage gestellt werden dürfen, inwieweit natürliche Klimazyklen durch die industrielle Revolution gestört werden konnten. Und was überhaupt so eine industrielle Revolution sein soll. Wie viele Dampflokomotiven sollten eine industrielle Revolution dargestellt haben. Wie viele Bäume wären dann ein Wald. Wie setzt man das analytisch um, was wäre der Algorithmus für Bäume und Lokomotiven und Revolutionen. Dazu sollte es Mehrheits-Spezialisten geben, sicherlich auch im IPCC.

Bei der Darstellung und Auswertung der Daten ist der gleitende Durchschnitt eine in der Klimawissenschaft wie in der Chartanalyse der Aktionäre verbreitete Technik, mit der das Rauschen innerhalb von Serien reduziert wird.

Nicht mehr und nicht weniger, denn der scheinbare Gewinn an Transparenz wird durch eine drastische Zunahme an Unsicherheit erkauft. Nach dem Wert des gleitenden Durchschnitts kann sich jeder bei Aktienpleitiers erkundigen, bevor er sich mit Hilfe dieser Art von Mittelwert über eine Schätzung der Kursentwicklung oder die Erklärung der Entwicklung der Atmosphäre hermacht.

Durch Kombinationen von Proxys niedriger Auflösung mit Baumringdaten hoher Auflösung wurde unter Verwendung einer *Wavelet Transformationstechnik* (Verfahren zur Analyse akustischer und optischer Signale) die Konvergenz der Sinuskurvenfrequenz erhöht und laufend mit Korrelationskoeffizienten bewertet.

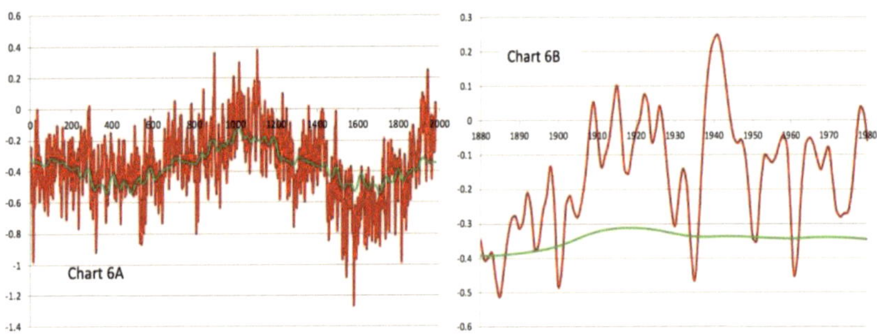

Abbildung 7:
Proxy-Temperaturaufzeichnung (rot)
ANN (grün)
Basiszeitraum: **0 - 2000**0
Basis Moberg et al. (2005).
Ungeglättet

Abbildung 8:
Proxy-Temperaturaufzeichnung (rot)
ANN (grün)
Prognosezeitraum: **1880 - 1980**
Basis Moberg.
Ungeglättet

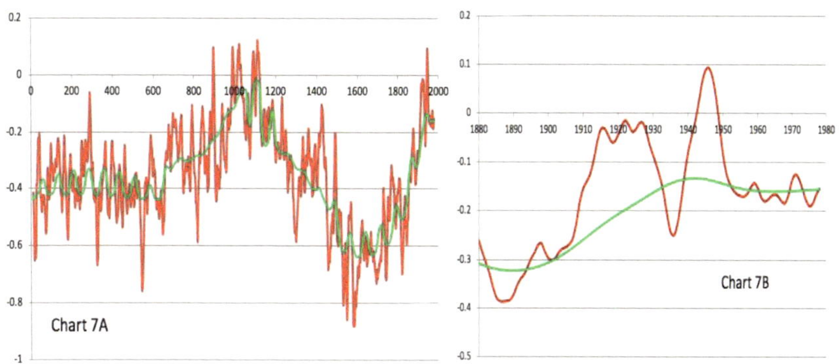

Abbildung 9:
Proxy-Temperaturaufzeichnung (rot)
ANN (grün)
Basiszeitraum: **0 – 2000**o
Basis: Moberg et al.(2005),
mit gleitendem **10**-Jahres-Durchschnitt
geglättet

Abbildung 10:
Proxy-Temperaturaufzeichnung (rot)
ANN (grün)
Prognosezeitraum: **1880 - 1980**
Basis: Moberg et al. (2005),
mit gleitendem **10**-Jahres-Durchschnitt
geglättet

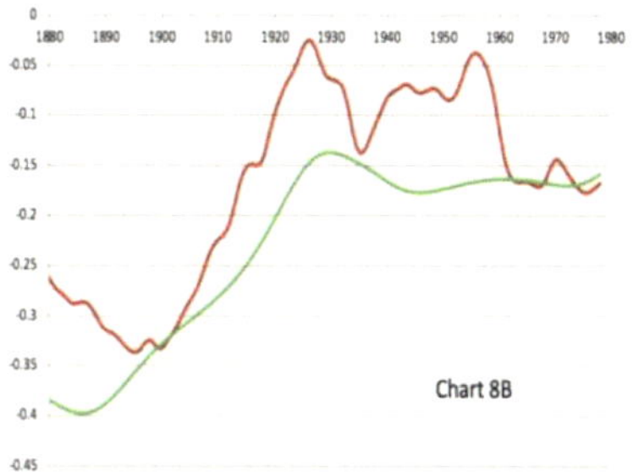

Abbildung 11:
Proxy-Temperaturaufzeichnung (rot)
ANN (grün)
Basiszeitraum: **0 - 2000**o
Basis Moberg et al. (2005),
mit gleitendem **20**-Jahres-Durchschnitt
geglättet

Abbildung 12:
Proxy-Temperaturaufzeichnung (rot)
ANN (grün)
Prognosezeitraum: **1880 - 1980**
Basis Moberg et al. (2005),
mit gleitendem **20**-Jahres-Durchschnitt
geglättet

Durch eine Anpassung von Periodizität, Phase und Leistung der identifizierten Sinuswellenkomponenten optimiert die Software die Simulation des ursprünglichen Proxy-Signals. Die Optimierung wurde vom Startdatum der Proxy-Temperaturreihe bis 1830 durchgeführt (*Vorindustrielle Periode*). [ftp://ftp.ncdc.noaa.gov/pub/data/paleo/contributions_by_author/moberg200 5/nhtemp-moberg2005.txt] [https://ipa.org.au/publications-ipa/in-the-news/abbot-and-marohasy-respond-to-criticisms-of-georesj-paper] [https://www.wias-berlin.de/annual_report/1994/html/node73.html]

Abbildung 13:
Proxy-Temperaturaufzeichnung (rot)
ANN (grün)
Basiszeitraum: **0 - 2000**
Basis Moberg et al. (2005),
mit gleitendem **30**-Jahres-Durchschnitt geglättet

Abbildung 14:
Proxy-Temperaturaufzeichnung (rot)
ANN (grün)
Prognosezeitraum: **1880 - 1980**
Basis Moberg et al. (2005),
mit gleitendem **30**-Jahres-Durchschnitt geglättet

> Steile Temperaturanstiege waren niemals einzigartig.

Die grüne Linie von 1880 bis 1980 stellt die Temperaturprognose dar. Sie wurde auf Basis einer vorindustriellen *Trainingsperiode* abgeleitet (*Training* ist *Maschinelles Lernen*). Daraus werden Temperaturen prognostiziert, die per definitionem keinen Einfluss durch erhöhte Kohlendioxid-Konzentrationen enthalten können (vorindustrielle Periode).

Man vergleiche die Multi-Amplituden der Daten in Abbildung 5 um 1000 (ohne industrielles CO2) mit jenen um 2000.

Abbot und Marohasy haben Jahre damit verbracht zu lernen, wie die ANN-Werte für die Vorhersage monatlicher Niederschläge verwendet werden können und wie die Ergebnisse zu interpretieren sind (Abbot und Marohasy 2012b; Marohasy und Abbot 2015; Abbot und Marohasy 2016; Abbot, Marohasy 2017b).

Bei der Zusammenstellung von Arrays zur Vorhersage monatlicher Niederschläge verarbeiteten sie unter anderem folgende Parameter: lokale Niederschläge, Landoberflächentemperaturen, Meeresoberflächentemperaturen und -drücke über dem Pazifik, Meeresoberflächentemperaturen für den nordwestlichen Indischen Ozean, sowie Sonnenfleckenzyklen.

Aus dem Artikel in GeoResJ und den auf der NOAA-Website archivierten Tabellenwerten und Reihen, die aus verschiedenen gleitenden Durchschnitten abgeleitet wurden, geht hervor, dass die Abweichungen nicht mehr als 0,2 Grad Celsius betragen, also nicht signifikant sind für eine Tendenz.

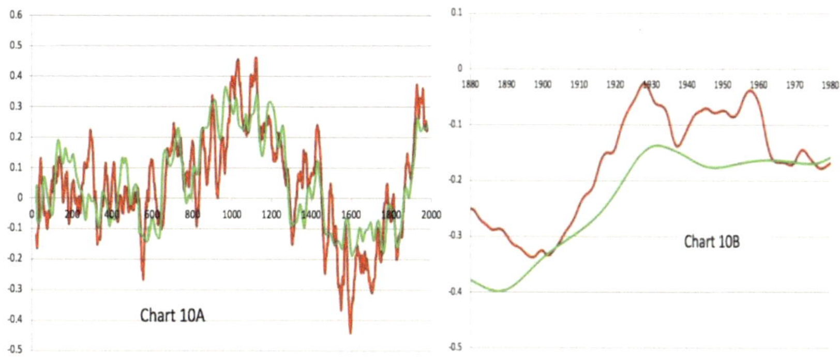

Abbildung 15:
Proxy-Temperaturaufzeichnung (rot)
ANN (grün)
Basiszeitraum: **0 - 2000**
Basis Moberg et al. (2005),
mit gleitendem **40**-Jahres-Durchschnitt
geglättet

Abbildung 16:
Proxy-Temperaturaufzeichnung (rot)
ANN (grün)
Prognosezeitraum: **1880 – 1980.**
Basis Moberg et al. (2005),
mit gleitendem **40**-Jahres-Durchschnitt
geglättet,

Einige dieser Reihen werden als Klimaindizes präsentiert, wie sie regelmäßig von der KNMI Climate Explorer-Website heruntergeladen werden, welche vom niederländischen *Met Office* und der *World Meteorological Organization* unterstützt wird. Ohne Zugriff auf diese Klimaindizes wäre die Erstellung aussagekräftiger monatlicher Niederschlagsvorhersagen nicht möglich gewesen.

In der ersten Studie zur Vorhersage von Proxy-Temperaturen - digitalisierte Versionen von Proxy-Temperaturreihen aus grafischen Darstellungen in veröffentlichten Studien, die bis zum Jahr 2000 reichen – war ihnen aufgefallen, dass in einer Sonderausgabe des *Journal of Paleoliminology* eine Reihe als Temperaturanomalie dargestellt worden war. In einem für die Forschungszwecke geeigneten Maßstab und einer Auflösung, die bis ins Jahr 2000 reichte, wurden die vergangenen Temperaturen für die nördliche Hemisphäre auch mit dieser Reihe genau wiedergegeben. Nachdem sie darauf aufmerksam gemacht worden waren, dass diese Reihe eine Variation von Moberg et al. (2005) war, und nachdem ihnen tabellarische Werte von Moberg et al. (2005) zur Verfügung gestellt worden waren, die bis 1980 reichten, hatten sie diese Daten derselben Analyse unterzogen.

Sie hatten jede Reihe der tabellarischen Werte, sowie der gleitenden Durchschnitte von 10, 20, 30 und 40 Jahren in Sätze von Sinuswellen zerlegt und aus diesen Daten der zeitlichen Vorläufer mit Hilfe der ANN die Proxy-Temperaturen für den Zeitraum von 1880 bis 1980 abgleitet.

Sie bestimmten die durchschnittliche Abweichung zwischen den tabellierten Proxy-Temperaturen und der ANN-Vorhersage, woraus die Schätzung des Temperaturverlaufes unter Einfluss des künstlichen Klimawandels, also des Einflusses der industriellen Revolution erfolgen kann.

Aus den Abbildungen 8, 10, 12, 14 und 16 können die Abweichungen zwischen der tatsächlichen Proxy-Reihe nach Moberg et al. (2005) (rote Linie) und den Prognosen, wie sie das Netzwerk ANN ausgegeben hatte (grüne Linie), als Hinweis auf das Ausmaß der vom Menschen verursachten Erwärmung auf der Nordhalbkugel zwischen 1880 und 1980 abgelesen werden.

Die Unterschiede zwischen den tabellierten Proxy-Temperaturen und den Temperaturen aus der ANN-Vorhersage (unter Verwendung der tabellarischen Werte von Moberg et al. 2005) betragen nicht mehr als 0,2 Grad Celsius.

Basierend auf diesem Wert und des in der ursprünglich veröffentlichten Studie in GeoResJ angegebenen Anstiegs des atmosphärischen Kohlendioxidgehalts konnte die *Gleichgewichts-Klimasensitivität (ECS)* mit 0,6 °C geschätzt werden:

die Durchschnittstemperatur der Erde stiege um diesen Betrag, wenn sich die CO2-Konzentration vom vorindustriellen Wert 280 ppm auf 560 ppm erhöhte, also verdoppelte.

Im Moment (12.2019) beträgt sie 415,26 ppm (Mauna Loa Observatorium, Hawaii)

Siehe auch die Temperaturen des Planeten Erde
[https://upload.wikimedia.org/wikipedia/commons/5/5b/All_palaeotemps_G2.svg]

[Marohasy J. & Abbot J. 2015. Assessing the quality of eight different maximum temperature time series as inputs when using artificial neural networks to forecast monthly rainfall at Cape Otway, Australia, Atmospheric Research 166, 141-149. doi: 10.1016/j.atmosres.2015.06.025.]

[Moberg A. Sonechkin DM. Holmgren K. et al. 2005. Highly variable Northern Hemisphere temperatures reconstructed from low- and high-resolution proxy data, Nature 433, 613-617.]

9 Erzeugung von Richtwerten

Abgelesene, berechnete, geschätzte und ausgewählte Temperaturwerte sind die Basis von Richtwerten. Diese gehen in die Literatur ein. Aus Differenzen von Temperaturen werden Verläufe berechnet. Differenzen werden von den Fehlern der Komponenten wesentlich beeinflusst und daraus die Behauptungen über Tendenzen. So können irreführende Aussagen entstehen.

Anbei daher ein interessanter Brief von Dr Jennifer Marohasy an Dr Alan Finkel AOOffice of the Chief Scientist Industry House10 Binara Street CANBERRA CITY ACT 2601, betreffend das Verfahren der Messwertbildung in Wetterstationen; da dieses Verfahren das Erzeugen von Maxima erheblich beeinflusst.

Die Art und Weise wie Richtwerte erzeugt werden ergibt ein bedenkliches Stimmungsbild aus der Szenerie der Datenbildung und der daraus resultierenden Willkür in Sachen Umwelt- und Klimaschutz.

Aus dem Englischen übersetzt

Dr Jennifer Marohasy

PO Box 692NOOSA HEADS
Q4566jmarohasy@ipa.org.au&j.marohasy@climatelab.com.au Friday, 4 May 2018
Dr Alan Finkel AOOffice of the Chief Scientist Industry House10 Binara Street
CANBERRA CITYACT 2601

Email: chief.scientist@chiefscientist.gov.au
https://jennifermarohasy.com/wp-content/uploads/2014/05/Marohasy-to-Finkel-20180504.pdf

Sehr geehrter Herr Dr. Finkel RE,

das Büro misst keine Temperaturen, die internationalen Standards entsprechen. Seit einigen Jahren fordere ich eine offene, ehrliche und unabhängige Untersuchung der Operationen des Australischen Büros für Meteorologie. Im Jahr 2015 schrieb ich an den Auditor General of Australia und schlug eine Leistungsprüfung mit folgenden Vorgaben vor:

Übereinstimmung mit den eigenen Richtlinien und Zuverlässigkeit der Methodik. Zu dieser Zeit war mein Hauptanliegen die Umgestaltung von Rohdaten durch einen als Homogenisierung bekannten Prozess. Als Antwort wurde vorgeschlagen, meine Bedenken an Dr. Ron Sandland AM zu richten, der zu diesem Zeitpunkt den Vorsitz in einem technischen Beratungsforum innehatte, um dieselben Fragen zu erörtern, die ich zuvor beim damaligen Minister für Umwelt, Hon, angesprochen hatte: Greg Hunt MP. Es war bereits klar, dass Dr. Sandland und sein Team eine äußerst flüchtige Überprüfung und kein einziges Beispiel für Homogenisierung durchgeführt hatten. Ich habe mich dennoch bei Dr. Sandlands Forum gemeldet, was bisher nicht zur Kenntnis genommen wurde... Die aktuellen Richtlinien, Protokolle und Best-Practice-Handbücher werden ... konsequent ignoriert.

Ein Problem, auf das ich Sie aufmerksam machen möchte, betrifft die Art und Weise, wie derzeit die Temperaturen in automatischen Wetterstationen mit elektronischen Sonden gemessen werden. Dies ist ein kritischer Punkt. Er betrifft Integrität und Zuverlässigkeit der aufgezeichneten Temperaturmessungen, welche homogenisiert und in internationale Datenbanken eingearbeitet werden; einschließlich derer, auf die sich das Zwischenstaatliche Gremium der Vereinten Nationen für Klimaänderungen (IPCC) stützt.

Früher wurde die maximale Lufttemperatur weltweit mit Quecksilberthermometern gemessen. In den letzten Jahrzehnten wurde in automatischen Wetterstationen zu elektronischen Sonden gewechselt. Die Lufttemperatur schwankt von Natur aus sehr stark (insbesondere an heißen Sonnentagen im Landesinneren), was durch die Trägheit der Quecksilberthermometer zum Teil geglättet wurde.

Um eine gewisse Gleichwertigkeit zwischen den Messungen von Quecksilberthermometern und elektronischen Sonden herzustellen, ist es üblich die Ein-Sekunden-Messungen elektronischer Sonden über einen Zeitraum von einer Minute zu mitteln ... Die zweite Messung dauert mehr als 5 Minuten. Das australische Büro begann im November 1996 mit der Umstellung auf elektronische Sonden als Hauptinstrument für die Messung der Lufttemperatur. Das ursprüngliche IT-System zur Mittelung der Ein-Sekunden-Messwerte von elektronischen Sonden wurde von Almos Pty Ltd eingerichtet. Ähnlich für die indischen, kuwaitischen, schweizerischen und anderen meteorologischen Ämter.

Die Software im Almos-Setup berechnete den Ein-Minuten-Durchschnitt (zusammen mit anderen Statistiken). Diese Daten wurden dann an eine sogenannte MetConsole (die Computer-Server-Software) gesendet, die die Daten anzeigte und die Daten zu Synop-, Metar- und Climat-Formaten weiterverarbeitete. Dieses System entsprach den Standards der World Meteorological Organization (WMO) und der International Civil Aviation Organization (ICAO). Die maximale Tagestemperatur für jeden Ort wurde als höchster Ein-Minuten-Durchschnitt für diesen Tag aufgezeichnet. Dies war die Situation bis mindestens 2011 ... Es ist wahrscheinlich, dass die Situation bis etwa Februar 2013 andauerte, als Sue Barrell vom Bureau an meinen Kollegen Peter Cornish schrieb und erklärte, dass die Ein-Sekunden-Messwerte der automatischen Wetterstation in Sydney Botanical Gardens im Durchschnitt numerisch ermittelt wurden. Irgendwann in den letzten fünf Jahren wurde dieses System jedoch aufgegeben. Alle oder die meisten automatischen Wetterstationen übertragen nun

Aktual-Daten von den elektronischen Sonden direkt an die eigene Software des Büros. Dies könnte eine akzeptable Situation sein, mit der Ausnahme, dass das Präsidium Ein-Sekunden-Messwerte nicht mehr über einen Zeitraum von einer Minute hinweg mittelt. Damit ist zu erwarten, dass das derzeitige System bei gleichem Wetter neue Rekordhitzetage ausweist, da die Empfindlichkeit der Messgeräte erhöht ist, weil keine Mittelwertbildung und auch keine andersgeartete Glättung erfolgen. Es wird vielmehr der höchste Punktwert inmitten einer gewählten Sekunde als der maximale Temperaturwert für den Messtag definiert, an dem 563 automatische Wetterstationen in ganz Australien die Oberflächenlufttemperaturen messen und aufzeichnen.

Das wird wohl nicht allgemein bekannt sein, zumal die meisten Meteorologen und Universitätsprofessoren in Australien von der falschen Annahme ausgehen werden, dass immer noch das alte System installiert ist. Angesichts der Tatsache, dass diese Daten von Tausenden anderer Wissenschaftler und Technologen verwendet werden - nicht nur in Australien, sondern auf der ganzen Welt – sollten auch diese darauf aufgefordert werden, diesen Sachverhalt zu beachten.

Meine Untersuchungen umfassten die Überprüfung der tatsächlichen Messungen der aktuellen Sonde in Mildura im Nordwesten von Victoria. Die Daten wurden mir auf Anweisung des Umweltministers, Herrn Josh Frydenberg MP, an Andrew Johnson, CEO und Direktor für Meteorologie im Büro zur Verfügung gestellt. Daher konnte ich bestätigen, dass die automatische Wetterstation in Mildura folgendes protokolliert: 1. Schneller Ein-Sekunden-Messwert pro Minute; 2. Höchster Ein-Sekunden-Messwert für die letzten 60 Sekunden.

Ich habe mit dem Vorstandsvorsitzenden des Präsidiums, Andrew Johnson, über die aktuelle Situation gesprochen. Er hat mir versichert, dass jede Messung das Integral der vorherigen 40 bis 80 Sekunden ist, da die elektronische Sonde in einem Metallmantel untergebracht ist, der eine thermische Masse darstellt.

Sollten die Werte der elektronischen Sonden tatsächlich gewichtet worden sein, sollte also die Bürostelle möglicherweise nur die niedrigste und die höchste Sekunde für das vereinbarte Intervall abgetastet haben? In der Tat, warum sollte von jeder Minute ein einziger letzter Wert aus einer Sekunde aufgezeichnet werden - insbesondere wenn das Gerät in der Lage war, alle Sekunden oder eine Teilprobe aller Ein-Sekunden-Messwerte zu mitteln!

(Rosemount ST2401 S /N-654). Dr. Johnson hat allerdings diese Informationen nicht zur Verfügung gestellt und darauf bestanden, dass sind nicht verfügbar sind, da die Sonden speziell entwickelt wurden: „Das Büro hat die Temperatursensoren speziell entwickelt, um das Verhalten von Quecksilber in Glasthermometern, einschließlich der Zeitkonstante, genau widerzuspiegeln. Der Hersteller fertigte die Sensoren dann nach dem Entwurf des Büros."

Es gibt keine öffentlich zugängliche Dokumentation für kundenspezifische elektronische Sonden, die derzeit vom Bureau zur Messung der Lufttemperatur in

Australien verwendet werden. Darüber hinaus gibt es keine veröffentlichten Studien, die Anhaltspunkte für die Gleichwertigkeit von Messungen der elektronischen Sonden mit Quecksilberthermometern liefern, mit denen an allen Wetterstationen bis mindestens November 1996 Höchsttemperaturen gemessen wurden Sonden spiegeln tatsächlich das Verhalten von Quecksilberthermometern wider. Ich habe die entsprechenden internen Berichte angefordert, die vermutlich die Ergebnisse von Feld- und Laborversuchen detailliert wiedergeben.

Diese wurden nicht bereitgestellt. Mein Ehemann, Dr. John Abbot, hat dasselbe beantragt, und diese Informationen sind Gegenstand eines ständigen Auskunftsverlangens (FOI), das möglicherweise noch vor dem Verwaltungsgerichtshof anhängig ist. Nach zwei Interviews, die ich letztes Jahr mit dem Radiosender Alan Jones geführt habe, wurden mir auf Anweisung von Minister Frydenberg einige Informationen zur Verfügung gestellt, mit denen ich letztes Jahr parallele Daten von Milduralate erhalten konnte. Dies wurde als Tausende von fotografierten A8-Formularen mit jedem Formular bereitgestellt, einschließlich handgeschriebener Tageswerte, wie sie vom elektronischen Sonden- und Quecksilberthermometer im selben Geräteschutz bei Mildura aufgezeichnet wurden. Die ersten Jahre paralleler Aufzeichnungen auf den A8-Formularen (ab November 1996) zeigen, dass die bei Mildura erstmals installierte elektronische Sonde Temperaturen aufzeichnete, die statistisch signifikant kälter waren als das Quecksilberthermometer. Dies sollte Anlass zur Sorge geben, da dies darauf hindeuten würde, dass das Ausmaß der globalen Erwärmung unterbewertet war - und dass zwischen den elektronischen Sonden und den Quecksilberthermometern keine Äquivalenz mit diesen Daten bestand, die in internationale Datenbanken aufgenommen wurden.

Eine neue Sonde, die aktuelle Sonde, wurde am 27. Juni 2012 installiert. Dies ist dieselbe Sonde, die am 23. September 2017 einen vielbeachteten heißen Tag für den Bundesstaat Victoria gemessen hat. Dies hat mein anfängliches Interesse an Mildura geweckt. Ich hatte ursprünglich gehofft, dass es parallele Daten geben würde, um eine Überprüfung dieses Datensatzes zu ermöglichen. Ein Hinweisgeber hatte mir mitgeteilt, dass Mildura ein Standort mit parallelen Daten ist. Später teilte mir Anthony Rea vom Präsidium mit - nach der Anweisung von Minister Frydenberg an das Präsidium -, dass parallele Daten nur bis Januar 2015 verfügbar seien.

Nach Prüfung der tatsächlich eingereichten A8-Formulare ergab sich jedoch, dass der Umfang der parallelen Ablesungen für die am 27. Juni 2012 installierte Sonde nur auf die Monate Juli 2012 bis Februar 2013 begrenzt sein würde ... allerdings mit der Ausnahme, dass Dr. Rea die Ablesung unterließ. Ich beziehe mich auf die Daten für September 2012 - den einen Monat, der ein direktes Maß für die Äquivalenz der relevanten Sonde für diese Jahreszeit an diesem Standort liefern könnte. Den verbleibenden verfügbaren parallelen Daten von Mildura, die mit der aktuellen elektronischen Sonde gemessen wurden, fehlen Aufzeichnungen des Quecksilberthermometers für die heißesten Tage, die mit der elektronischen Sonde gemessen wurden (30. November 2012, 18. Januar 2013, 5. Januar 2013, 8. Januar 2013, 6. Januar 2013, 1. Dezember 2013, vom höchsten zum niedrigsten).

Kurz gesagt, an den heißesten Tagen in Mildura - während der Zeit, in der manuelle Messungen nach der Installation der neuesten Sonde durchgeführt wurden - war anscheinend niemand anwesend, um die manuelle Messung der Quecksilberthermometer durchzuführen. Infolgedessen sind die Daten der Quecksilberthermometer für diesen Zeitraum nicht normal verteilt.

Dies macht statistische Analysen unter Verwendung von Standardtechniken unmöglich, da implizite Annahmen, beispielsweise in einem standardmäßigen gepaarten T-Test, verletzt werden. Die begrenzten parallelen Daten, die ich von dieser Sonde habe (die gegenwärtig Temperaturen bei Mildura aufzeichnet), zeigen, dass sie im Durchschnitt aufzeichnet Temperaturen wärmer als das Quecksilberthermometer - oft bis zu 0,4 Grad Celsius wärmer als das Quecksilberthermometer.

Ich habe diese Informationen an Dr. Johnson weitergegeben und er hat geantwortet, dass meine Stichprobe nicht ausreiche, um daraus sehr viel zu erschließen. Genau das ist der Fall und das liegt daran, dass das Büro mir nicht alle Daten zur Verfügung stellt! Daher würde ich es begrüßen, wenn Sie ihn bitten könnten, die relevanten internen Berichte zur Verfügung zu stellen beziehungsweise Daten von anderen Wetterstationen bereitzustellen, für die parallele Daten vorliegen, um einige ordnungsgemäße Vergleiche und Bewertungen des australischen Systems zu ermöglichen.

Ich war verlässlich darüber informiert worden, dass es parallele Daten (Messungen mit einem Quecksilberthermometer und elektronische Sondenaufzeichnung im selben Tierheim) für weitere 37 Standorte gebe; zusätzlich zu Mildura. Mir wurde außerdem mitgeteilt, dass diese Daten für einige dieser Sites parallel zum gegenwärtigen Stand gelesen werden können. Das Präsidium hält diese Informationen jedoch zurück. In Anbetracht des starken politischen Interesses am Klimawandel mit weitreichenden wirtschaftlichen Auswirkungen und der beim erst kürzlich erfolgten Übergang zu einer völlig anderen Methode zur Temperaturmessung (Quecksilberthermometer zu elektronischer Sonde), wird davon ausgegangen, dass das Präsidium Dutzende von Berichten veröffentlicht hat, die die Vergleichbarkeit von Messungen an verschiedenen Orten und unter verschiedenen Bedingungen demonstrieren.

Dennoch ist keine verfügbar! Ohne unabhängige Überprüfung aber sind diese Temperaturaufzeichnungen des Präsidiums streitig und damit sind die Integrität des Präsidiums und der Regierung beeinträchtigt.

Ich habe Sie klagen hören, dass es zwar einen überwältigenden Konsens wissenschaftlicher Unterstützung für die globale Erwärmung gäbe und wir deshalb einfach mit Lösungen weitermachen sollten. Dass aber ohne eine unabhängige Prüfung der Temperaturmessung des Präsidiums diejenigen, die an der globalen Erwärmung zweifelten, die Berichte des Präsidiums als unzuverlässig und unrichtig ablehnen könnten.

Um dieses Problem zu lösen bitte ich Sie, mir die Gelegenheit zu geben, meine Ergebnisse - meine Beweise - einem zuständigen Ausschuss zur ordnungsgemäßen Prüfung vorlegen zu können.

Mit freundlichen Grüßen Jennifer Marohasy,
Doktorandin am Institut für öffentliche Angelegenheiten und Inhaberin des ClimateLab.com.au

Copy: Minister Josh Frydenberg

In diesem Zusammenhang ist folgendes interessant:

[The Australian Guardian: Ben Doherty @bendohertycorro

Sun 22 Sep 2019 08.54 BST Last modified on Sun 22 Sep 2019 10.40 BST]

Josh Frydenberg hatte als Umweltminister gewusst, dass sein Ministerkollege Angus Taylor Familieninteresse an einer Farm hatte, die wegen angeblicher illegaler Rodung von Grasland untersucht wurde, als Taylor sich mit Vertretern des Umweltministeriums getroffen hatte, um die Bestimmungen für gefährdete Grünlandflächen zu besprechen.

Als das Treffen 2017 zwischen Taylor, dem damaligen stellvertretenden Minister für Städte und Vertretern des Umweltministeriums über vom Aussterben bedrohte Graslandschaften stattfand, war Taylors Familienunternehmen Jam Land Pty Ltd wegen angeblich illegaler Vergiftung von Graslandschaften auf Grundstücken in der Monaro-Ebene in New South Wales untersucht worden.

Taylor teilte dem Insider-Programm von ABC mit, dass er Frydenberg, dem damaligen Umwelt- und Energieminister das Interesse seiner Familie anvertraute, bevor er sich mit dem Büro traf.

"Meine Verpflichtung ist es, die Angelegenheit dem Parlament und dem Premierminister gegenüber offenzulegen", sagte Taylor. "Der damalige Minister, Josh Frydenberg, war sich dessen auch bewusst, so dass es auch hier nicht an Offenlegung und Einhaltung mangelte."

Taylor, jetzt der Energieminister, verteidigte sein Eingreifen in die Vorschriften - obwohl die Farm seiner Familie eine Einhaltungsklage verhängt hatte - und erklärte, er vertrete die Anliegen der Wähler in seiner regionalen Wählerschaft von Hume.

"Ich bin von dieser Compliance-Angelegenheit immer auf Distanz geblieben", sagte er. "Ich habe mich für Landwirte in meiner Wählerschaft ausgesprochen, die in einem sie betreffenden Bereich Anwaltschaft und Vertretung brauchen … Landwirte brauchen Vertretung, und ich werde das jeden Tag der Woche tun."

Das Treffen 2017 fand im Büro von Taylors Parlamentsgebäude statt, wo Taylor, Mitarbeiter der Umweltabteilung und Mitarbeiter von Frydenbergs Büro teilnahmen. Nach Mitteilungen des Senatsausschusses waren von den anwesenden Beamten keine Notizen gemacht worden. Allerdings hatte Taylor den Beamten kein Interesse an dem Treffen ausgedrückt.

Interne E-Mails von Guardian Australia zeigen allerdings, dass die Abteilungsbeamten bei Treffen mit Taylor äußerst sensibel waren, wenn das Unternehmen seiner Familie in der Angus Taylor-Grasland-Affäre untersucht wurde.

Zum Zeitpunkt des Treffens mit Taylor waren staatliche und bundesstaatliche Untersuchungen ingang, ob Jam Land Pty Ltd in der Region Monaro 30 Hektar Land illegal vergiftet hatte, das einheimische gemäßigte Gräser enthielt, die nach den bundesstaatlichen Umweltgesetzen als gefährdet galten.

Angus Taylors Bruder Richard war einer der Direktoren von Jam Land, und der Minister selbst war über seine Familieninvestitionsgesellschaft Gufee an der Firma beteiligt.

Nachdem Taylor sich mit Frydenbergs Büro getroffen hatte, fragte Frydenberg seine Abteilung, ob er die Autorität habe, den Schutz der Wiesen aufzuweichen und ob dazu irgendeine Änderung veröffentlicht werden müsse. Es wurden keine Änderungen an der Liste der vom Aussterben bedrohten Grasarten vorgenommen, die als gefährdet hochgestuft worden waren.

Terri Butler, Sprecherin der Labour-Abteilung für Umweltfragen sagte, Frydenberg, jetzt Schatzmeister, habe Fragen, auf die er antworten könne, was er über Jam Land wisse und wann. "Josh Frydenberg muss jetzt klarkommen, dass er über Taylors Interessen an dem Grundstück Bescheid wusste."

Die Ministererklärung von 2018 besagte, dass die Minister ‚Vorkehrungen treffen müssten, um Interessenkonflikte aufgrund eigener Investitionen zu vermeiden es wäre entscheidend, dass Minister öffentliche Ämter nicht für private Zwecke nutzten.‘

Als Reaktion darauf hatte Frydenberg eine Erklärung abgegeben: „Wie das Mitglied für Hume (Taylor) im Parlament gesagt hat: 'Mein indirektes Interesse an Jam Land durch mein Familienunternehmen wurde in den Medien weit verbreitet und die Regeln sind in Übereinstimmung mit meinem Familienunternehmen.‘ "

10 Zusammenfassung wichtiger Punkte

Die Atmosphäre ist ein offenes dynamisches System, in dem ein erheblicher Massen- und Wärmeaustausch stattfindet. Eine Treibhausatmosphäre und ein Treibhauseffekt können sich in diesem System nicht entwickeln.
Der industrielle menschliche Einfluss auf die Erdtemperatur ist kleiner als $\pm$ 0,2 °C.
Ein vernachlässigbar kleiner klimadynamischer Einfluss des Spurengases CO_2 ist nachweisbar.
Der klimadynamische Einfluss von Wasserdampf ist erheblich größer (5 bis 10-fach) als der aller Spurengase incl. CO_2.
Es gibt wichtige Sonnenzyklen. Sie interferieren. Sie sind mit den natürlichen Klimazyklen korreliert. Sie triggern unser Klima.
Die Gleichgewichts-Klimasensitivität (Temperaturerhöhung bei Verdopplung des CO_2-Gehalts der Atmosphäre) ist $\leq$ 0,6 °C. Eine anthropogene Verdopplung von CO_2 ist unmöglich.

Daraus folgt unmittelbar:

Die natürlichen Ressourcen müssen geschont werden. Luft- und Wasserqualität müssen erhalten bleiben.
Die industrielle Nutzung von Ökosystemen muss minimiert werden. Insbesondere jene der Tropenwälder und Ozeane.
Der Ausstoß von Schadstoffen in die Atmosphäre und die Meere muss minimiert werden. CO_2 gehört nicht dazu.
Die Beschränkung des Bevölkerungswachstums muss diskutiert werden.
Der Einsatz aller Energieträger einschließlich Wind und Sonne muss mit Hilfe fortschrittlicher Technologien minimiert werden.
Die Entwicklung von Energievarianten, die sich auf die Erneuerbarkeit von Energie stützen, muss sofort eingestellt werden.
Die Lärmbelastung in den Ozeanen durch Sonarsysteme muss minimiert werden.
Die Weltwirtschaft muss ihre Prinzipien überprüfen. Die Umstellung von Quantität auf Qualität ist entscheidend.
Politik muss wissenschaftlich qualifiziert sein. Die Qualifikation von Politikern ist kritisch zu prüfen.
Die CO_2-freie Kernenergie ist in die Energieversorgung einzukoppeln.

Helmut Moldaschl

Der Klimawandel. Ideologie und Fakten.

Taschenbuch: 296 Seiten, 22.95 €
Verlag: Books on Demand; Auflage: 2 (23. August 2019)
ISBN-13: 978-3746046464
ISBN-10: 3746046467

Klimawandel ist ein hoch-ideologischer Begriff,
der die Utopie der Klimarettung zum Ziel politischen
Handelns und zum moralischen Gebot erhebt.

Man darf nicht übersehen, dass dieses Modell mit
handfesten Interessen zahlreicher Profiteure aus
Politik, Zivilgesellschaft und Öko-Industrie
verbunden ist.

Sonja Margonlina, Biologin.

Werner Hohenberger, Helmut Moldaschl

**Arzt–Patienten–Kommunikation –
Ein Patient und sein Chirurg im Zwiegespräch**

Taschenbuch: 213 Seiten, 19.95 €
Verlag: De Gruyter; Auflage: 1 (24. September 2018)
Sprache: Deutsch
ISBN-10: 3110609568
ISBN-13: 978-311060956

2004 erkrankt der Patient an einem Magenkarzinom

Er und sein Chirurg, dem trotz der verheerenden Prognose die Heilung gelingt,
öffnen sich nach vielen Jahren in Gesprächen und geben tiefe Einblicke in die
Wahrnehmung ihrer damaligen Situation.

So werden Gründe für das späte Begreifen von Ursachen und Wirkung
wesentlicher Kommunikationsprobleme sichtbar. Sie können Quellen
spezifischer Betrachtungen sein.

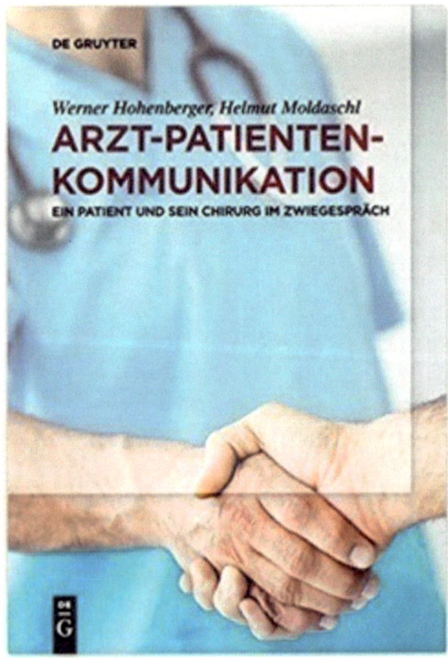

Helmut Moldaschl

Diagnose Magenkrebs – Eine Autobiographie

Taschenbuch: 248 Seiten, 8.99 €
Verlag: Books on Demand; Auflage: 1 (14. Mai 2018)
Sprache: Deutsch
ISBN-10: 375285975X
ISBN-13: 978-3752859751

Am Freitag, dem 10. September 2004 erfährt es der Autor.

Unmittelbar darauf beginnt ein monatelanges Ringen um das Leben. Gleich nach der Operation im Oktober 2004 folgt eine Chemotherapie bis April 2005.

Mit alltäglicher Ernährung, langen Radreisen, aber auch konsequenten medizinischen Untersuchungen richtet sich der Autor schon im September 2005 auf die Normalität aus, obwohl der Fortgang nicht immer ganz glatt ist.

Der Roman spricht nicht nur Patienten, sondern auch Freunde und Verwandte an.

Es wird klar, was zu tun ist und was unterbleiben kann, wo die Zeit drängt und wo nicht.

Und vor allem, wie man welche Situationen in welcher Weise bewältigen kann.

Die spannend-amüsante Beschreibung einer sehr ernsten und zunächst scheinbar hoffnungslosen Situation.

Helmut Moldaschl

Die Erschaffung der Wahrheit

Taschenbuch: 512 Seiten, 10.99 €
Verlag: Books on Demand; Auflage: 1 (22. Mai 2018)
Sprache: Deutsch
ISBN-10: 3752861878

In Wien treffen sich zu Beginn des 20. Jahrhunderts auf der Suche nach der fundamentalen Wahrheit Philosophen, Wissenschaftler, Künstler und Politiker zu hochkarätigen Gesprächen. Doch wird ihr Ringen zu tautologischen Zirkeln und eskaliert in tödlicher Gewalt.

Der Roman führt den Leser durch ein schillerndes Geflecht von Realität und Illusion.

Ein Kritiker schreibt: „Das Thema *Wahrheit* ... wird umgarnt von einem Netz subtiler, auch witziger Reflektionen, die sich im Verlauf lebhaft gehaltener Diskussionen ergeben ... Teilnehmer dieser Diskussionen und Urheber sind bekannte, auch berühmte Gestalten aus der Wiener Kultur des frühen 20. Jahrhunderts ... Wie auf einer Drehbühne wird bald diese, bald jene Kombination der Darsteller in verschiedenen, liebevoll detaillierten Wiener Lokalmilieus vorgeführt ... Zwischendurch gibt der Autor kurze Übersichten, welche die einzelnen Akte des Dramas in größere zeitliche und historische Zusammenhänge setzen. Die Darsteller – Musiker, Schriftsteller, Architekten, Maler, Philosophen, Psychoanalytiker, Logiker – sind nicht hermetisch getrennt, sondern durch Bekanntschaften und Freundschaften verwoben.

Biographische, wissenschaftliche und europäische Geschichte werden so vom Autor mit nachempfundenen Dialogen elegant kombiniert. Spannend wie ein Kriminalroman, dabei eng angelehnt an Tatsachen, setzen sich faszinierende Persönlichkeiten mit zeitgenössischen und wissenschaftlichen Problemen auseinander, während um sie herum gefährliche Zeiten bräuen.

In einem Buch wie diesem könnte ich jeden Abend lesen!"